魏延安◎著

新资本新农人的三大纪律八项注意

国家行政学院出版社

图书在版编目（CIP）数据

新资本新农人的“三大纪律八项注意”/ 魏延安著 .—北京：国家行政学院出版社，2017.5

ISBN 978-7-5150-1886-7

Ⅰ．①新… Ⅱ．①魏… Ⅲ．①农业投资—研究—中国 Ⅳ．① F323.9

中国版本图书馆 CIP 数据核字（2017）第 080457 号

书　　名 新资本新农人的“三大纪律八项注意”
作　　者 魏延安
责任编辑 王　娜
出版发行 国家行政学院出版社
（北京市海淀区长春桥路 6 号 100089）
电　　话 （010）68920640　68929037
编 辑 部 （010）68928873
经　　销 新华书店
印　　刷 北京中印联印务有限公司
版　　次 2017 年 5 月北京第 1 版
印　　次 2017 年 5 月北京第 1 次印刷
开　　本 787 毫米 ×1092 毫米　1/16
印　　张 14.5
字　　数 190 千字
书　　号 978-7-5150-1886-7
定　　价 38.00 元

投资农业的参考书

丙申金秋 刘成果

序一　投资农业的参考书

原国家农业部副部长刘成果题

丨序　二丨

值得重视的资本下乡忠告

华中科技大学中国乡村治理研究中心主任、教授　贺雪峰

魏延安先生既是一名干部，又是农业专家，对“三农”问题十分了然，对政策又把握到位。他写作的《新资本新农人的“三大纪律八项注意”》一书，值得所有关心“三农”问题的人认真学习，尤其值得有投资农业打算的城市资本和计划返乡创业的大学生认真对待。

魏先生书中反复讲到的一个问题就是，农业不同于二、三产业，投资农业的风险很大。一方面农业需要有外部的人财物力投资，另一方面投资农业的风险极大，胜少败多，一定要慎重。

农业不同于工业，这是由农业第一产业性质决定的，举世皆然。中国农业与世界其他国家和地区农业还有差异，就是中国农业不仅仅是农业问题，而且还涉及到依托农业的6亿多农村人口。此外，进城务工的2亿多农民工，他们虽然进城务工经商了，他们的子女、父母仍然在农村，他们年轻时进城，年老还可能返乡。也就是说，中国农业上依托有接近9亿人口，中国农业政策就一定要变为“三农”政策，国家的农业政策最终要受制于“三农”问题的框架，或者说农民问题要优先于农业问题。

农民问题优先于农业问题的意思是，归根结底，国家农业政策要优先照顾农民，照顾2亿多户小农的利益。在农业GDP份额占GDP总额不足10%且越来越少的情况下，资本下乡是要挤占农业GDP的，也就是要

与农民争利的。国家为了保护农民利益，显然不可能给资本农业以无条件的持续支持。

未来30年时间将是中国快速城市化的关键时期，大量农村人口城市化。中国的城市化与一般发展中国家有着巨大差异，其中最重要的是，当前中国农民进城并非一次性进城，而是有一个相当长时期在城乡之间的往返。典型的是，一个农民家庭，年老父母留村务农，年轻子女进城务工，正是年老父母务农收入和在农村较少消费才能支撑住年轻子女在城市安居。进城农民年轻时，容易在城市获得务工经商机会，一旦年龄太大，失去了获得收入的能力，再在城市生活就变得艰难，他们因此要退返农村。又正是进城失败农民可以退返农村，使农村成为了中国现代化的稳定器与蓄水池。中国之所以没有出现其他发展中国家通常存在的“发展带来不稳定”的困境，即与此有关。

未来相当长一个时期，农业和农村都是农民生产生活的依托，是农民的退路与归属。所有以短期内消灭农民为预设的农业政策都是没有前途的。资本下乡与农民争利当然也是没有前途的。希望通过国家政策扶持来发展现代农业从而从农业中赚钱，这条路注定会十分艰辛。

一方面农业很重要，农业是所有产业的基础；另一方面农业风险很大，农业是弱势产业。在全世界，农业都是受到国家政策保护和财政支持的产业，只是在中国，因为还有接近9亿农民要依托农业，国家对农业的支持一定要优先支持以解决农民问题为基础的小农农业。资本下乡与农民争利就一定会面临极大风险。

这个意义上，我完全同意魏延安先生对资本下乡可能遇到风险的所有忠告。

|序　三|

新上山下乡需要理性

农业部专家咨询委员会委员、浙江大学中国农村发展研究院教授　顾益康

《新资本新农人的“三大纪律八项注意”》一书是一本在当下鱼目混珠书市中难得一见的好书。这是一本热爱“三农”的专家型公职人员对当下风生水起的新一轮现代农业投资热潮的理性思考之书，也是与热爱农业、投资农业的新农人们掏心交流的心得之书。

本书作者魏延安是一位生长在西北黄土高坡，却能眼观中国东西南北中的“三农”发展大势的新型“三农”专家，“窥斑见豹”阅读本书就能判断出这是一位对“三农”特别有情怀，有特别敏锐眼光，有特别辩证思维、又特别接地气的服务型的新“三农”专家。

本书写作坚持了从群众中来、到群众中去的群众路线的方法和问题导向目标导向趋势导向的思考方式，紧扣当下风起云涌的城乡联动的资本下乡投资农业的创业潮，从新农人们最需要直面应对、最需要解惑释疑、最需要克服的认识误区和最易发生的经营风险入手，提出了对当下中国新农业和新农人创业的一系列的新观点、新思辨、新忠告。

诸如作者提出的农业不是工业的思辨、投资现代农业八条忠告、新农人的“三大纪律、八项注意”、互联网农业不好玩等新锐观点和经营要诀，既深入浅出、通俗易懂，又富有哲理思辨。这些既符合马克思主义经济学理论原理，又契合中国特色农业现代化实际的新理念、新观点、

新判断，显示出了作者对中国新农业发展、新农业投资、新农人创业满腔热情的关心和支持，也以新“三农”专家特有的冷静严谨的思维和与时俱进的眼光，提出呵护式的忠告和经营建议，其目的是既要鼓励新农人投资农业的热情和勇气，又要让他们的现代农业创新创业之路走得更稳健，少走一些弯路，少一些失误，从而使得新一轮上山下乡热潮不致瞬间冷却！

因此，我作为一个老“三农”工作者要为魏延安这样的扎根于希望田野、钟情于中国“三农”新发展、服务于新农人的新“三农”专家点赞！希望有更多魏延安式的新“三农”专家脱颖而出，为我们中国的新农业、新农村、新农民和新农人的发展提供更多更实用的经营知识和精神食粮！

目　录 CONTENTS

中篇　农业投资的实践课
——隔行如隔山

下篇　农业投资的课外课
——互联网农业不好玩

上篇

农业投资的预习课

——农业不是工业

农业不是工业，这话我给遇到的农业投资者反复讲，因为农业本质上是生物的再生产，只是人类取得需要的经济价值而已。一些从二三产业转型而来的农业投资者只有在几年的跌跌撞撞后才基本明白这个道理，真正认识到按工业那一套是搞不了农业的，但已经付出了不菲的代价。所以，在投资农业之前，最好了解一下农业的本质，熟悉一下农业的特征，避免过度的资本自信和实践过程中违背自然规律的蛮干。

农业是永恒的

——关于农业不是工业的一点解释

农业之永恒性在于，除非人类将来自己改造自己，为自己的身体也合成了叶绿素之类的物质来吸收和转化太阳能，否则人类只能依靠农业来获得能量而存活。由此，农业与工业也就有了天壤之别，农业是生命体的繁衍，而工业只是没有生命的机器的简单重复劳动，二者的机理有根本性不同。

农业不是工业，这话说起来简单，但理解却难。我反复说这话给那些想要投资农业的人，并努力地做些解释，但效果似乎并没有想象的那样好。在今天这个年代，工业经济的过度发达，让农业愈发显得弱小不堪，也让一种说法相当流行：按工业的模式做农业，甚至以现代工业替代传统农业。而早已过剩的资本以此论为法宝，急不可耐地进入农业行业，期待发掘又一个宝藏，结局却“一半是海水、一半是火焰”；进入农业的想出来，农业之外的人却想进来。我决定用一点文字就“农业不是工业”的解释再做些梳理。

农业的本质是什么？按照经济学的观点，农业是指国民经济中一个重要产业门类，是以土地资源为生产对象的部门，是通过培育动植物产品从而生产食品及工业原料的产业。这个定义将农业物化了，反倒不利于了解农业的本质。如果通过生态学的角度来认识农业，则是另外一种景象：农业是万物生长靠太阳的实现载体。地球上的所有能量来自于太阳，但动物包括人在内并不能直接利用太阳能，只有植物可以将太阳能通过叶绿素的作用转化成各类生物能，动物再通过食用植物而获得所需要的能量。那么农业的永恒性由此而产生，除非人类将来自己改造自己，为自己的身体也合成了叶绿素之类的物质来吸收和转化太阳能，否则人类只能依靠农业来获得能量而存活。民以食为天，正是这样一个根本道理，说农业是永远的朝阳产业也不是夸张。那么有人会提出，是不是人类可以不搞农业，直接从自然采集植物甚至捕获动物而获得能量？答曰，可以，但所有的人得退回山林。在农业出现之前，人类就是依靠采集和狩猎来生存的，但这种渠道是低效的和难以保障的。农业是人类的重大历史进步，从此让食物的获取有效率而且有可靠的保障，推动了人类的分工与进步，最终产生出工业和城镇来。

那么农业的主体是谁？一般回答说是农民，这依然是经济学角度的解释。如果也从生态学的角度来解释，则农业的主体是动植物，是它们的生命活动形成了农业。农民所做的一切无非是促进动植物的生长，特别是促进人类所想要获取的动植物的可利用部分的生长。从这个角度看，农业与工业简直是天壤之别，农业是生命体的繁衍，而工业只是没有生命的机器的简单重复劳动，二者的机理有根本性不同。工业可以在订单紧张时，让机器 24 小时不休息，而农业行吗？冬小麦秋种而夏收，绝不会因为人急着食用而改在春天成熟；牛犊注定是要怀胎十月才能生下的，绝不会因为人着急而半年就出生。不管有多大的资本，不管在工业领域如何嚣张，在农业上必须听自然规律的，听从动植物的生命轨迹。

那么人在农业中的作用是什么？只能是促进。就像农夫山泉的广告：我们不生产水，只是大自然的搬运工。人本身也不能生产出农产品来，只是通过辛苦的耕耘和精心的饲养，让动植物更加健壮地生长，具体包括：通过一系列耕作和施肥，让土地变得肥沃，更适合植物地生长；及时除草、防治病虫害，让植物的生长持续健康；及时收获、贮藏，避免植物结出的果实腐烂、变质；为动物搭建圈舍、定时供应好的饲料、做好病害的预防等，让动物健康快速生长，等等。既然农业受着如此严格的自然规律制约，则农业远比工业复杂和辛苦。

农业又如何在工业化进程中进步？一句话，借鉴工业的成功经验，将工业理念渗透进农业之中，通过规模化、标准化、产业化等，不断提高生产效率和经济效益。由此，那些想由着资本迅速改造农业的人往往欲速则不达，甚至走向相反的结果，让人痛惜。

经济学的农业困顿

——张五常也没有说清楚

农业问题要比一般产业复杂，仅靠经济学的单纯解释是不行的，还需要社会学、政治学等多种学科介入其中，方能充分解释，这是“三农”研究的经验，也是教训。

读张五常先生的《新卖桔者言》有一个感觉：虽然张五常先生为了研究经济学，竟然在街头卖起了桔子，以实践来实证经济学理论问题，但卖桔子到底还是经销农产品的商业行为，而真正到了农业经济学问题，有的地方连张五常先生似乎也不那么自信起来。

比如说，同样是产品销售，但农产品的销售一直让人头疼，如果单从经济学的角度来解释，有些是解释不清的。以供求关系为例，工业产品往往考虑的是生产能力与市场需求之间的问题，但农业却必须考虑多重因素。

首先，农业要靠天吃饭，生产能力并不等于实际产量，气候因素、病虫害因素、耕作因素等都在影响生产，所谓“三分种、七分管”，最终的产量变数很大，这让订单生产也不可靠起来，结局依然是丰收或者歉收，订单违约现象在农业行业屡见不鲜，市场的波动几乎不可避免。而工业品的订单生产是可行的，因为一般是不用考虑自然风险的，除非遭遇了地震、海啸等重大自然灾害。

其次，农产品有十分明显的季节性，无法像工业品那样常年均衡生产供应，所以农产品丰收时集中上市、量大价跌就成为一种常态，或者歉收时供不应求、价格飞涨也成为一种常态。典型的就是大蒜、生姜这类农产品，价格的"过山车现象"在近年反复上演。

再次，农产品的市场风险要远大于工业品。目前的农产品贮藏、加工能解决一些问题，但解决不了根本问题，好多技术瓶颈破解不了，成本也居高不下。工业品暂时卖不出去可以库存，随后还能打折处理；而新鲜农产品过了销售季节，只能翻入土地作肥料了，或者还要花钱来销毁掉，其损失只有血本无归一条路。这样，农产品的销售风险就极其大了，农民只要还能卖一点钱，也只能在收获时节挥泪甩卖了，远非工业品可比。

以上还只是农产品若干特性的冰山一角，在实践中的问题远复杂于此，所以好多外行跨入农业，往往有鼻青脸肿的经历，最终要在摸爬滚打中总结出一些规律性的东西来。

下面从《新卖桔者言》的几篇文章中再做些典型分析。

在《从中国发展学得的工资定律》一文中，作者对农民工数量和工资定律的推导也就存在类似上述问题的情况，即以单纯的经济学并不能准确评估农业经济学问题。这篇文章提出了两个问题：一是农民工数量的问题。文章指出总量约为3.7亿，20世纪90年代转移了2.8亿，余下的9000万再转移4000万即差不多了。这个数字对农业劳动力的兼业程度估计不足，也对农民工的动态变动估计不足，特别是对农业现代化进程中新释放的劳动力也估计不足，所以对农民工的数字估算就不大准确。二是农民工的工资问题。文章指出2007年职业农民工的工资已经比2000年涨了5倍，若15年后职业农民工收入达到3500元左右，则转移到工业大概需要5000元以上。这个估计对社会学方面的考虑不够，事实上青年农民工进城的收入水平有的甚至不及在农村从事现代农业，但依然还要进城，是为追求城市生活的享受，而且不管有没有能力在城市立足，至少年轻时要进城闯荡。

再看《要冷静地处理中国农民问题》一文，提出了三个原则：一是要减少农民人口，弃农转入工商业；二是放开农产品进口，让劳动力向劳动密集型产业转移；三是廉价提供给农民知识教育，提高技能。我感觉三条对了一条半。第一条是对的，杜润生老先生早有名言，八亿农民搞饭吃的局面不改变，农业没有前途。第二条不对，农产品进口的问题不仅是经济问题，还是政治问题，苏联就吃过大亏。目前的情况是大豆进口已经放开，主粮进口则国际粮食市场供应总量有限；至于向农业的劳动密集型产业转移，也有限度，很容易造成量大价跌的情况。这几年水果、蔬菜区域性滞销的新闻可谓层出不穷，即是一个例证，更何况也会因价格的抬升造成消费的减少，因为蔬菜、水果之类并不是人的刚性消费农产品，可以替代，而粮食则是必需的。第三条对一半，农民的知识技能是个问题，但外部支持更是问题，一个是基于农业弱质性的政策性补贴与项目扶持，另一个就是十分关键的金融支持，而且金融甚至比前者更重要。

再看《猪价与楼价：评中国的土地政策》一文，作者认为猪价贵是因为饲料贵，而楼价高与地价高息息相关。这个论点是有道理的，但具体的分析还是有些问题。猪价的问题，作者指出过去还有低成本的红薯喂猪，如今都改了粮食喂，因为红薯种得少了，人有得吃，猪却受罪，这个看似客观的分析，实质也偏离了经济学原理，因为如果红薯喂猪成本低又效益好，大家肯定会多种红薯喂猪，但实际没有，因为选择粮食喂猪主要是为了效率，让出栏周期大大缩短，资金周转率明显提高。而楼价的问题，一般都归罪于地价，但公开的信息表明，一般的楼盘地价只占六分之一左右的成本，我不知道为什么地价就独揽了楼价上涨的罪？

以上所举，无非是想说明，农业问题要比一般产业复杂，仅靠经济学的单纯解释是不行的，还需要社会学、政治学等多种学科介入其中，方能充分解释，这是“三农”研究的经验，也是教训。

“飘香玉米”背后的农业经济学

从一个简单的“飘香玉米”生产就可以看出，虽然市场对工业与农业而言都很重要，但对于农产品更重要，农产品在市场面前的脆弱性是远大于工业产品的；农业的专业性一点也不比工业差，农业内部不同行业的差异性又非常大，不懂一点专业，很有可能做出违背农业规律的傻事来。

在比现在早几年的时候，好多城市的大街小巷都在热卖着同样一种街头小吃——“飘香玉米”。（当然，事后大家也就慢慢知道了，所谓的浓甜浓香型“飘香玉米”是很坑爹的，因为都加了香精，自然的玉米哪里能长得如此香甜？所以，这几年已经不大卖了，替代的是糯玉米等。）当然，我旧事重提，绝不是为了辨析“飘香玉米”的安全性问题，而想谈一个与此相关的农业投资项目。

也就是在当时街头玉米的缕缕飘香中，我迎来了一位敏锐的农业投资者前来咨询。他说，既然大家都在吃“飘香玉米”，那么种植“飘香玉米”一定也能挣钱。

一如往常，对善于发现农业投资机遇的创业者而言，我都先给予充分肯定和鼓励。我说，是的，当别人在卖产品的时候，你想到了生产这种产品，可见眼光是敏锐的，但怎么种呢？

他有些疑惑地回答道（也许他认为我问的问题有些太简单了），在农村找个地方，买点种子，再找几个农民种一下就行了呗，自己主要精力放在销售上。

我说，你的产业分工很合理，主要精力抓销售是对的，但地选在哪？卖给谁？有无订单？

他说，就在城郊找块地，那些农民都种玉米；生产出来后，市场这么好，应该不愁卖。

我听后直摇头，不行啊！一点成功的希望都难看到。他听后不大相信，我于是详细做了解析。

首先，要了解玉米的作物特征。玉米是雌雄同株异花授粉作物，天花是雄的，散落花粉；棒子是雌的，通过吐出的丝线来接收花粉并受精，最后在棒子上坐果形成籽粒。在没有风，也没有昆虫的情况下（当然这是不可能的），则一般会是同株授粉，生物遗传性状得以保持。这样，种下去的是“飘香玉米”，收的也是“飘香玉米”。但实际上，玉米授粉期间，风是常有的，昆虫也不少，在各家各户种植着不同品种的情况下，极易在不同品种的玉米植株之间互相授粉（即串粉），如果“飘香玉米”周围种有普通玉米，则种出来的“飘香玉米”也就不纯了，不会再那么飘香了，甚至颜色、籽粒形状都变了。所以，玉米制种的第一条件是严格隔离，否则种子纯度就无法保障。

我这么一说，他顿时瞪大了眼睛。当然，也不用怕，隔离有办法。一种是空间隔离，方圆几百米范围内没有其他田块种玉米就行，能保证不串粉。如果周围不能保证，则需到远离大田的地方找。比如，玉米制种一般是在山区，靠山梁等形成自然隔离。另一种是时间隔离。人家是夏玉米，咱种春玉米，等咱的授粉结实了，夏玉米才准备扬花，也保证了纯度。但这样的安排导致作物茬口的混乱，可能就无法一年两熟了，降低了土地利用率，种植成本就相对提高了。

听到这里，他稍稍舒缓。然而，我说，更麻烦的事还在后面，有相关的机械与库房吗？

还需要这个？他又提出了疑问。我说，必须的。因为，还必须做好简单的包装与保鲜工作。只要是同时种进地的玉米，则玉米棒子也会集中在几天内一块成熟，每亩地会产出五六千个棒子来，要同时收回来，但却不一定能同时卖出去。“飘香玉米”是鲜食品种，采摘下来很容易变质，所以就必须有简单的抽真空包装设备、存储仓库和冷藏设施，否则，那么多鲜棒子堆在一起，很快就会升温发酵变坏。这也是需要一些投资的。况且，“飘香玉米”是蒸煮品种，必须在授粉后的十天左右集中收获，错过了就会变老，无法鲜食了，必要的设备绝不可少。

更重要的是，到底卖给谁？这是一个根本性的问题。不要看城郊种菜的农民，他们可以天天拉出去自己卖，企业一旦规模化生产，这种办法是绝对不行的，必须要有可靠的订单，指望着自己卖给消费者个人或者酒店，是不现实的，因为这需要高昂的营销成本和时间。而玉米一旦集中成熟，哪里等得起？很容易积压变质，即使可以包装冷藏，成本也会大幅上升，失去价格优势。这也就是新闻报道中经常出现的卖难问题的根本原因，不是农产品绝对过剩了，而是鲜活农产品的上市期太集中、保鲜太困难，只能在当地尽快销售，一旦当地市场有问题，根本来不及外运或搞储藏加工，只有眼看着坏掉或直接含泪翻压入土了。那些卖菜的人最懂一个道理，哪怕便宜些，也要坚决把菜在第一时间卖出去，否则烂在自己手里是最大的市场风险和最惨重的经济损失。

到底这位投资者的“飘香玉米”有没有种下去，我没有听见回音。但从一个简单的“飘香玉米”生产就可以看出几点农业的特殊性来：虽然市场对工业与农业而言都很重要，但对于农产品更重要，因为农产品具有集中上市、鲜活难储藏的特点，上市季节的销售不畅很容易造成积压损耗，农产品在市场面前的脆弱性是远大于工业产品的；同时，农业的专业性一点也不比工业差，农业内部不同行业的差异性又非常大，不懂一点专业，很有可能做出违背农业规律的傻事来；还有，规模化的农产品生产，风险会集聚和放大，需要更强的生产管理能力和市场开拓能力，其中市场开拓能力甚至超过生产管理能力。

投资现代农业的八条忠告

做农业，有鲜花也有荆棘，道路既阳光灿烂也曲折坎坷。你得懂政策，凡事看大势；你得懂农业工业有大异；你得懂合作，共赢最重要；你得懂营销，市场最难测；你得懂管理，内有大门道；你得懂创新，不和农民同；你得懂自己，究竟为什么；你得懂风险，远远超工业。

本来已经冲动的资本下乡欲望，在中央进一步放活农业经营体制的政策背景下，愈加抑制不住。可是农业就是投资的天堂吗？这些年，看惯了那些从二、三产业转入农业后鼻青脸肿的鲜活事例，于是想做些梳理，呈现给想投资农业或者已经投资农业的人们。

忠告之一：你得懂政策。凡事要看大势，工业化、城镇化背景下的“三农”问题，整体呈现人口持续流出、农业劳动力下降、村庄空心化等问题，客观上形成了土地规模适度扩大的趋势，也为外部资金、技术提供了可能。但千万要注意，农业是一个与政策关联度极高的产业，过去常讲“发展农业，一靠政策，二靠科技，三靠投入”，如今依然。比如由于农业产业政策的调整，从2008年以来加大对生猪产业的投入，如今生猪产能过剩，而牛羊肉整体短缺，所以从2013年起到以后几年，肉牛肉羊产业的加大投入必然不可避免。如果要投资畜牧业，是投资已经近乎饱和的生猪产业，还是投资市场紧俏的肉牛肉羊产业？等你终于下定决心投资牛羊肉产业的时候发现，随着新西兰、澳大利亚牛羊肉的进口，我们的价格又跌得很惨，因为草场畜牧业更有优势，我们却是农区畜牧业。

忠告之二：你得懂农业。要搞农业，先得明白，什么是农业，或者至少知道，农业不是工业。常识出了问题，后果很严重。仅此一点，已让多少投资竞折腰！一些人在投资农业的时候天真地用工业投资的办法搞农业投资规划，幻想着像工厂一样迅速建厂、调试、生产，其不知农业是动植物生命的繁衍，受生物规律和自然气候条件的根本制约，有明显的季节性、区域性和周期性，肉牛没有三年以上是出不了栏的，苹果没有五年功夫是挂不了果的，在铁的自然规律面前，砸钱有什么用？更多的是用工业投资的办法做农业，根本没有想到农地是不能抵押的，农业的长周期对流动资金的占用是惊人的，结果因为资金链跟不上而困死在即将结出硕果的黎明前，让人惋惜不已。

忠告之三：你得懂合作。你做农业的地必然是从农民手中流转而来的，不管这个流转是你直接与农民打交道，还是与当地政府打交道，从法律的角度看都没有区别，因为土地归根结底是农民的，你只是流转了一定年限的土地承包经营权。既然如此，你想完全撇开农民而独自赢利是不可能的，你的农工必须要雇当地的农民，你的配套支持离不开当地农民，你必须学会与农民合作。也即联想农业提出的理念，农业要挣钱，但不是挤农民，而是与农民共赢。褚橙的成功因素之一也是让农民得了实惠。多少农业企业就因为与农民合作不够，要么重蹈人民公社的覆辙，农民在地里的劳动状况完全可以让挣钱变赔钱；要么纠纷麻烦不断，整天闹心，难以正常经营；严重的合约全毁，生产经营停顿，甚至形成社会事件，只能黯然离场。

忠告之四：你得懂营销。这个问题提出来，好多从二、三产业转过来的人可能会嘲笑，农业有营销吗？我承认农业营销的水平很低，实际上目前只有销售，还到不了营销层次，但我必须说农业的销售问题与二、三产业有根本的不同。农业的市场呈现为千家万户小生产与千变万化大市场的长期矛盾中，多少年来并无实质性的化解，当你投资一个农业产业时，虽不能说像押宝一样难以猜测，但至少不可能精确预测，多收三五斗的现象在全国各地、在年际间频繁上演，多少相似的情景屡见不鲜。更要命的是，农业的产出是农产品，是鲜活的，根本没有办法长久保鲜，注定销售半径有限，在同样的市场条件下，工业品还可能压库待售，而农产品不管什么样的价格必须在最短的时间内销售出去，否则只能翻入泥土变成土肥，血本无归。于是奇怪的一幕出现了，当一个地方的蔬菜只有几分钱的时候，另外一个地方可能正在吃着几块钱的高价菜却没有任何办法，因为运不到或者运输成本太大。看多少规模经营的主体在农产品滞销时那一筹莫展的神态，让人同情又无助。

忠告之五：你得懂管理。农业企业也是企业，是企业就得有管理。不要以为农业企业就可以低水平管理，或者甚至可以不要管理。农业企业的管理对象最主要的是农民，别忘了，人民公社二十年，从来就没有解决农民的管理问题。对于劳动密集型产业的设施蔬菜生产而言，解决了农民劳动积极性的管理可以让每个大棚赢利惊人，而不能有效调动农民积极性的管理可以导致大棚亏损。更不要说，农业企业管理环节众多，完全是小管理、大效益。在 2013 年“哀鸿遍野”的生猪市场中，有的生猪养殖场竟然效益不错，核心是管理换来了效益，完全标准化的科学喂养、完全规范的程序免疫、完全到位的疫病防控，节约了饲料、减少病死损失和相关费用，都转化为良好的利润点。农业企业，如今也走过了粗放经营的年代，开始精细化了。而对于那些土生土长的农业企业家而言，管理就成了土包子与现代企业家的分水岭。事实证明，做农业，小的靠能力，大的靠管理。有些农业企业家做到几百万千把万，再也上不去，关键是企业管理超出个人亲力亲为范围，自己累还不松手，一手制造发展的天花板。

忠告之六：你得懂创新。如果把农业想得过于传统，一投入可能就受挫；如果把农业想简单了，经营一阵就失败，这样的情形太多了。再没有比农业传统的产业了，农民可以传统下去，而企业绝对不能传统下去。因为农民已经兼业化了，已经把务工作为主要收入来源了，农业企业怎么可以？想做特色农产品，如果创新不了产品的宣传、包装和产品质量控制体系，注定是小打小闹，不仅挣不了钱，可能还要亏损，因为你比农民的运营成本高。想做传统产业，如果不能把现代科技成果充分应用，不能把现代营销理念良好运用，不能把品牌做亮，如何能在鱼龙混杂的市场中脱颖而出？同样是在经营农家乐，当大家都在钓鱼、打牌、吃土菜的窠臼里打转时，只有那些有文化内涵、能够农耕体验、享受自然的乡村旅游相对胜出。

忠告之七：你得懂自己。到底投资农业为什么？如果要追求高额利润的话，请远离农业，农业做不到。请看看农业上市公司，哪个不是典型的低利润、高市盈？但农业却是最可永续经营的产业，是人类无论如何也离不开的基础产业，是永远不过时的朝阳产业。做农业像养孩子，你急不得，总得有十年树木、百年树人的思想，因为地里的庄稼不因为你急而加快生长。做好了的农业，短期的回报可能不丰厚，但长期的回报却相当稳定。也像山间的清流，细小却能长久地流淌。更重要的是，投资农业是一种责任，一种为国民生产健康农产品的企业责任；是一种回报，一种工业和城市在受尽农业农村和农民支持而必须反哺的理性回报；也是一种境界，一种远离喧嚣、追求自然、重回田园牧歌的人生境界。

忠告之八：你得懂风险。风险对于农业而言似家常便饭，不仅种类远远多于工业，而且程度远远大于工业。初期我以为有两大风险，即自然风险和市场风险，可随着实践总结的深入，我发现农业的风险远远不止于这些，现在已经可以归纳为六种：一是自然风险，刮风下雨、旱涝冰雹、低温寡照，这些大自然经常上演的现象工业是不考虑的，而农业却实实在在地经受着影响，轻则减产降质，重则颗粒无收。二是疫病风险，既然动植物是生命，就不可避免地出现疾病，也可能轻度损失，也可能减产绝收，而工业也是没有的。三是市场风险，虽工业也有，但农业却比工业的更难预测，更难对付。四是政策风险，土地政策的收紧让畜牧养殖场的用地变得有问题，产业支持措施的转移让补贴收入可能从此不再。五是政治风险，地方官员的调整，有可能带来人走政息的局面，曾经的支持承诺也可能难以兑现。六是社会风险，农民的突然毁约或者合作冲突可能导致生产经营的中断。而从主观上看，还可能遭遇更难把握的决策风险、失败几率较高的技术风险和本领恐慌下的管理风险。

这就是农业，我绝不想危言耸听，更不想把稻草说成金条，有鲜花也有荆棘的道路既阳光灿烂，也曲折坎坷，需要有准备而小心翼翼地前行。

悲催：做农业不得不面对的九种风险

必须打破目前关于农业规模经营就能增强风险抵抗能力的神话。农业规模经营和小农经营一样，都面临无法避免的农业风险；更由于实行了规模经营，农业风险不是减小了，而是被同步放大了，应对的困难也同步增加了。实际需要面对的风险接近十种。

当前正在兴起一股不可抑制的资本下乡冲动和农业规模经营热潮，最流行的口号大约是“以工业化的理念经营农业”，核心是规模化、标准化、产业化、市场化。但可惜的是，在执行中好多变成了按工业的路子来经营农业，结果不是适得其反，至少是理想的状态始终难以达到。归结其原因，关键在于对农业的特征认识不足，对农业可能遭遇的众多风险应对不足，最终铩羽而归。关于农业风险问题，由于我出身农家，又长期在农业部门工作过，因而并不陌生，凡是遇到的农业规模经营主体，也都及时反复提醒，一定要放下理想主义，多些现实主义，真正深入到农业现实中去，否则可能大失所望。面对层出不穷的农业企业“鼻青脸肿”，我也在不断总结农业风险的种类及其预防。

读马德富、鲁先凤的《论农业适度规模经营风险及其特征》一文，又受到一些启发，想再做些梳理。这篇文章对农业风险进行了细分，首先分为一般风险、规模经营的风险和“适度”的风险；对农业适度规模经营风险作进一步的划分，又包括：自然风险、市场风险、技术风险、社会风险、决策风险、信用风险六种；同时，农业适度规模经营风险的产生与应对机制也明显不同于小户经营，因为农业适度规模经营以高收益为主要目标，农户则倾向于规避风险取得稳定效益；农户的应对一般用传统的手段，典型的是多样化种植和多种经营，但农业规模经营一般是专业化生产，势必要在制度性方面寻求保障，如农业保险、农业市场开拓甚至农业期货手段的运用等。

由这篇文章出发，至少可以得出两点基本结论：首先，农业规模经营和小农经营一样，都面临无法避免的农业风险；其次，由于实行了规模经营，农业的风险不是减小了，而是被同步放大了，应对风险的困难也同步增加了。这样就可以打破目前关于农业规模经营就能增强风险抵抗能力的神话，我们不否认经营管理得当的规模农业可以提高风险抵抗能力，但必须认识到，规模农业必然面临比小户经营更大、更多的经营风险，也必然要进一步提升风险意识，力争科学应对风险，方能真正实现农业规模经营的设定目标。

若再进一步对照工业来分析，对农业的风险还可以进一步深化认识，以利于科学应对。

一是自然风险。这是农业相对于工业独有的风险，也是与工业最大的区别，不懂得这一点，最好不要从事农业。对于工业而言，除非遭遇大地震、海啸等严重的不可抗拒的自然风险以外，一般的自然风险对于工业是可以不考虑的。像常见的农业风险，如暴风雨、洪涝、干旱、冰雹、霜冻、干热风等，基本上对工业不产生明显影响。但农业不行，靠天吃饭是基本特征，气候的每一点变化都会对农业产生影响，也让农业生产充满了不可预期性。

二是疫病风险。严格地讲，疫病风险也是自然风险，但其中有人为因素在内，因为好的农业管理会减轻甚至预防疫病风险的发生。但这一风险同样也是工业没有的。而且，这一风险对于农业往往是致命的，像畜牧业上的重大动物疫病、种植业上的暴发性病虫害，往往造成毁灭性的结局，可能颗粒无收，也可能多年积累的心血毁于一旦。

三是市场风险。这个风险农业与工业皆有，但农业较工业应对能力差，因为农产品具有鲜活性，销售期只有那么一点时间，销售范围也比较小，在市场行情面前基本上只有“被迫就范”的份儿。所以，才会有那么多的农产品滞销事件频繁上演。但工业就不同，至少行情不好的时候，还可以在仓库放一放，大不了减价处理，还能收回些成本。而蔬菜、水果等农产品，一旦销售不出去，只有翻入泥土作绿肥了事，其损失可想而知。

四是社会风险。这个工业也有，但农业的社会风险要大得多，核心在土地问题上。因为工业用地是国有的，政府还做到了“九通一平”，甚至免税三年，可谓优待有加。农业没有办法，只能从农民手里流转土地，一些农民不愿失地，则可能出现强迫流转，埋下不稳定因素；又由于农业周期长，必须长期经营，中间又会因为土地流转价格的变动问题，导致农民的毁约事件；对于委托农民种植的农业企业，又会出现道德风险，价高则农民图利违约卖给市场，价低则全部强卖到农业企业，一旦不收购，则新闻媒体往往站在道德至高点上大加批判，地方政府也会因为农民的弱势地位，在处理此类事件时往往偏向于农民，让规模经营的主体受伤不已。

五是政策风险。这个工业也有，但农业受政策影响更大些。因为农业是弱势产业，国家的政策扶持非常重要，一些产业的规模经营可能完全靠国家扶持，否则无法盈利。但农业总体投入还不足，政策在基层的落实往往具有人为因素的影响，企业在与政府打交道的过程中，充满了变数，也难免出现人走政息的局面。同时，一些地方政府可能会为了促进农业规模经营，出一些地方土政策，一遇国家严查，最终还是企业受伤。典型的就是土地政策，基本农田是不让搞畜牧业的，有些地方却鼓励，国家一查，只能迁址另建，企业损失会很大。

六是政治风险。地方官员的调整，有可能带来人走政息的局面，曾经的支持承诺也可能难以兑现。

若再进一步对照，则有些风险农业本来没有，因为规模经营以后才会产生，更必须认识到位。突出表现在决策风险、管理风险、技术风险上。

首先是决策风险。小户经营“船小好调头”，大不了少挣点，或少赔点；但规模经营不同，专业化、规模化，风险明显放大，决策失误影响很大。选错了农业行业，绝对不可能像农户家庭那样叹息一声了事，也无法像工业那样迅速调整，可能几年甚至几十年无法调整到位，只好深陷其中。

其次是管理风险。规模农业的效益实质在管理，这可能是一般投资农业的人意识不到的。同样养猪，在 2013 年的行情中，一般人每头猪赔百十块左右，但有的养殖场每头利润还在两百元以上，也有的可能亏损到无法承受的地步。核心均是管理的差异，是否严格执行了技术措施、疫病防控措施等是关键。所以，必须明白，现代农业也是高科技，也是需要专业人才的领域，纯靠资本投入，不解决问题。一些农业企业家经常面临的苦恼是“千军易得，一将难求”！

再次是技术风险。主要是农业新技术研发的难以保密和成果被迅速复制，从而导致新技术研发的投入产出比难以达到预期效应，甚至完全成了公益事业。同时，新技术、新品种、新工艺、新机械的引进、应用也存在风险，如果不能处理好试验、示范、推广的梯次推进步骤，可能引发较大的技术风险。

这些因为规模经营才出现的风险，基本上属于主观性的，需要经营者不断提高对农业的认识和产业的研究，力求准确把握经营定位，科学管理，不断在摸爬滚打中取得进步。

总之，农业风险种类较多，机制复杂，从事规模经营者当慎之再慎，力争做到投资激情与经营理性的平衡，方能在实践中稳定实现预期目标。

高效不等于高收益

——高效农业的悖论

高效农业不能只看表面，而要看实质。如果没有懂技术、善经营、会管理的劳动力来从事，高效农业往往就会陷入高效农业不高效、难经营的悖论之中。像大棚被视为高效农业的代表，但这个高效是用高投入、高技术换来的，还要面临高风险，其中技术尤为关键。

每次下乡，总能在成片的大棚中看到几个空着没有生产的或者彻底就放弃了的大棚。如果再仔细了解一下，还会发现不同家庭经营的大棚效益差距也不小，有的挣上万，有的挣几千，而有的可能还要赔钱。为什么会这样?

是不是土壤出了什么问题，导致无法继续种植？由于种菜对土质要求非常高，不是上好的地是种不了菜的。虽然各家耕作技术有差异，但一个区域的土壤质地总体还是差不多的。比如关中渭河平原，大多数是肥沃的“黑油土”或“红油土”（因翻耕后土壤表面会在犁铧切面形成油渍状的镜面效应，是肥沃土壤的标志）。虽然各家耕作技术与培肥水平有差异，但也不至于差那么多。当然，空闲一下，对大棚土壤进行倒茬也是可能的，但却不至于破落到那般田地。或者是遭遇了什么大的灾害，导致生产能力难以恢复？似也不会。灾害影响的是一个区域，不会独降于个别大棚。那么到底是什么原因？根本在经营大棚的劳动力出了问题。

首先表现为劳动力不济的问题。生产实践证明，一个劳动力负责两个大棚的生产是可以的，但如果再增加经营规模就会有问题了。那些放弃大棚生产的家庭有可能就是家庭劳动力方面的原因，比如主要劳动力生病、婚丧嫁娶、外出务工等。

其次表现为劳动力不愿的问题。大棚生产是个重体力活，年轻人肯定是不愿意干的，甚至中老年男性劳动力也不愿意，于是只能以中老年妇女为大棚的主要劳动力了。这可算作大棚菜的一景，严重的像女儿国似的。好多人对大棚菜的辛劳程度根本想象不到。日光温室的空间相对好些，那些低成本的塑料棚仅弯腰劳作就让人受不了。再就是高温密闭的小环境，憋得人很难受，严重的可能患上肺气肿。更多的是体力上的付出，那在文学作品中充满喜悦的采摘果实场景，在实际生产中绝对是对劳动者体力的巨大消耗与折磨。茄子、黄瓜、西红柿等个头大一点的果实还好，豆角、圣女果等小个头的果实摘起来就只能用愁人来形容了，可能刚摘到大棚东头，西头的又熟了，让人疲于奔命。

再次是技术跟不上的问题。大棚（大棚只是设施栽培的一个统称，具体包括连栋温室、日光温室、塑料大棚、中小弓棚等）被视为高效农业的代表，这只是一种表面现象，其实这个高效是用高投入、高技术换来的，同时还要面临高风险的考验。特别是技术，是整个大棚生产最关键的。技术是一个体系，包括品种、化肥、农药等农资选得对不对，用得合适不合适，更包括日常的作务跟上跟不上。主要有四个问题：一是种什么，茬口怎么选？比如要种黄瓜，包括秋冬茬、冬春茬等多种茬口，上市时间是不同的，具体怎么选，完全在经营者对市场的分析与判断，茬口与品种选得不好，就有可能滞销或没有上市在高价期，效益不好。二是日常的田间管理怎么样？同样是嫁接、整枝、绑蔓、打杈、点花等工序，不同的熟练程度与技术水平做出来的是不一样的，这个差异最终体现在收成上。三是灾害处置能力如何？比如像突然降温，是大棚菜的大敌，必须根据天气预报和当地农业部门提醒，及时采取保温措施，必要时还要采取放火盆等增温措施。一旦措施不及时，可能一夜冻死植株或花朵、幼果，对收成形成很大影响。四是市场不好时应对如何？对于农业而言，市场变化多端，价高价低变幻无常，不可能每次都赶上高价，一旦遭遇低价，往往亏损严重，经营者思想就会波动，有的下一茬继续种，有的可能就要放弃或转让了。

总之，高效农业不能只看表面，而要看实质。如果没懂技术、善经营、会管理的劳动力来从事，高效农业往往就会陷入高效农业不高效、难经营的悖论之中。当然，高效农业所面临的问题好多是一家一户解决不了的，必须集合发展，形成一定的规模，由合作社、龙头企业、专业市场等来牵头，把市场、技术等问题系统解决。所以，以大棚为代表的高效农业在实践中往往是成片发展的，力求将产业体系打通，也会将技术作为重点，不惜高薪聘请技术员来指导生产，培训生产人员，并由政府在基础设施等方面予以充分配套。这也是基于高效农业实践的不断总结，后来者务必借鉴。

有规模未必有规模效应

——规模农业的陷阱

是不是规模大了就好，或者说规模越大就越好？显然不是。规模与效益并无直接相关，甚至出现函数背离；规模也不代表抗风险，甚至是放大风险。但不知是有意还是无意，却出现对规模农业的迷信，一味追求经营规模的大，步入规模农业的陷阱。

说起现代农业，定义和标准很多，但一定离不开规模这个基本内涵。而在许多人看来，规模化肯定是现代农业表现出来的第一特征，没有规模如何称得上现代农业。一提到现代农业，许多人的眼前差不多第一时间浮现的是美国式大农场和大型现代农业机械在广袤的田野上耕作的场景。然而，是不是规模大了就好，或者说规模越大就越好？显然不是。但实践中不知是因为有意还是无意，却出现了对规模农业的迷信，一味追求经营规模的大，步入规模农业的陷阱。尽管中央也一再发出通知，要求禁止人为垒大户、归大堆，片面追求超规模经营，但似乎依然难阻农业规模化的冲动。显然，规模农业需要辨析一些片面的认识误区。

（一）是不是规模化就能实现高效了

是不是规模化就能实现高效了？在一定范围内是，超过一定范围也不是。最简单的账，一亩地种粮挣300元，一家一户种十亩八亩挣不了几个钱，但如果大户经营上千亩则效益还是可观的。这是经常被用来举的规模经营例子。

首先，必须注意，规模化是有成本的，规模太小不经济，规模太大同样也不经济。如果要规模经营并保证收益，则必须加强农田水利设施建设，投入大型农业机械，应用最新农业科技，加强经营管理，注重市场开拓，这些都是有成本的。在上面举的例子中，往往大家只看到表面的数字，而实际上这个规模经营的背后是大量的政府补贴与设施配套，如田间道路、小型水利、农机具补贴、仓储设施、人员培训等。

其次，规模化有一定的限度，在一定范围内随着经营规模的扩大，效益是增加的，超过一定限度则效益是递减的，这完全符合函数增长曲线规律。法国有关方面的测算表明，家庭农场达到6公顷（90亩）—15公顷（225亩）是比较经济的，能让农业机械效用得到良好发挥，如果超过这个限度则投入过多反而不经济。同样，对一个规模经营的企业而言，也是有规模限度的，必须综合考虑经营者的能力、资本的投入、管理方式的创新、机械化的充分运用、科技的应用等方面，否则将难以达到设想的生产效率和经营效益。

再次，规模经营还必须与生态承载能力和社会接受能力相匹配。比如，生猪养殖，单体养殖场上万头，粪便污水处理是个大问题，不得不配套建有机肥厂，搞沼气发电，上生物发酵池，成本明显提升，更不要说周边农民的反对。

（二）是不是规模经营就能抵御风险了

大家痴迷于规模农业，一个重要的原因是规模大了才好抵御风险。这个在表面看起来是对的，但实际不必然。

首先，必须注意规模与风险之间本身并没有必然的反向关系。规模大能增强抵抗风险的能力，不是因为规模自身，而是因为规模可以提升市场谈判能力，也因为做大规模的同时必须加强基础设施建设和配套保护措施，增强抗灾能力。比如，小麦出现病虫害，一家一户防治，费时费力，效益也不明显；但规模经营集中防治，成本下降，节支增收效果明显。

其次，在大的市场形势不好的情况下，规模经营并不能抵御市场风险，反而会呈现风险聚集效应。像2015年以来生猪价格低迷，出栏一头猪亏损300元左右，规模大了亏损肯定多，这是毫无疑问的。那些业绩纷纷下跌的农业上市公司，许多是因为生猪产业的拖累，而且亏损程度与规模正相关。

再次，随着经营规模的扩大，经营决策的风险也会同步扩大。有的人老是批判农民的自给自足经济，什么都有什么都不成规模，无法形成商品经济。但其实，这是农民在经营决策上的最稳妥的决策，因为既有粮，又有菜，前院有鸡，后面有猪，轻易是不会遭遇全部市场不好的情况的，收益总体还是有保障的。对于农民而言，抗风险是第一位的，他们是小本生意，能挣得起却赔不起，稳当最重要。而规模经营一般为专业生产，市场的任何波动都会对经营产生重要影响，一旦决策出现失误，那损失就不是一点了。所以，规模经营也必然会对经营能力提出更高要求。某种程度上讲，规模经营的核心是规模能力建设而不是规模扩张本身。

（三）是不是规模经营就能更好发展了

许多人热衷于规模农业，还有一个重要的原因就是，有了规模才有了形象，才有了争取政府支持的基本条件。所以，对于规模的痴迷，不是一些人不懂，而是太精明，又与一些基层政府的形象工程、政绩工程恰恰合拍，便应运而生了。对此，我不得不提个醒。

首先，发展产业是本，争取政府支持是末。有政府的资金项目发展起来很顺手，但没有自己还得发展；如果为了政府补贴而去搞项目，是完全颠倒的状态，一旦政府相关支持没有兑现或者兑现不到位，往往会陷入进退维谷的境地，十分难受。

其次，随着规模的扩大，还会出现新的发展难题，这就是与农民的关系。因为地是从农民手里流转来的，大规模经营一定会牵涉到许多农民的地，有的愿意流转，有的不愿意流转，规模经营又要求集中连片，便免不了动用基层政府力量从农民手中拿地，一些不愿意的农民肯定是要反对甚至采取一些极端措施影响正常的经营生产，后续的矛盾纠纷处理也很让人头疼。可惜这样的发展问题好多规模经营者没有意识到，以为是进了城市旁的工业园区，土地早已平整，还做到了几通几平，结果一介入才叫苦不迭。典型就是网易猪的难产，土地好长时间从农民手中谈不下来是重要原因之一。

总之，农业的规模经营一定要适度，不能唯大是举，要与经营的产业、建设的地点、投资实力、经营能力、产业政策等相适应，要“强”起来而不是一味“大”起来，避免对规模的盲目迷信。

又是多收了三五斗

——农产品卖难面面观

卖难的产品都有些共同点：如都是非大宗农产品，而且是鲜活农产品；一般奔高效而去，也都有点信息渠道；生产无组织，群起而上群起而下。所以，表面是信息不对称，实质是生产组织化程度差，就是有信息也无法阻挡生产的无序化竞争，于是频频出现多了或少了的现象。

2014年开春以来，关于农产品卖难的消息又多了起来。仅从微博上看，我所在的陕西，先是西安附近的泾阳、三原出现了甘蓝、莴笋滞销，紧接着周至的芹菜也出现了低价滞销，兵马俑所在的临潼随后也出现了订单农业难以履约导致的桑椹滞销，陕西省物价局公布的“五一”节前后蔬菜价格统计信息，更是跌声一片。其他各省此类消息也屡见不鲜，山东部分地方的樱桃出现了滞销，这是过去还没有出现过的，因为樱桃是新兴水果产业，过去几年一直供不应求，效益良好；济南商河有机菜花也滞销了，媒体发动社会各界全力促销；在海南，冬瓜滞销了，跌至真正的白菜价，1毛1斤依然卖不出去；一向紧俏的春洋芋也出了问题，云南建水3.8万吨洋芋陷入低价滞销困局；等等，可谓卖难之声，不绝于耳。在2014年春天的农产品卖难中，还有一个重要的现象，就是部分蔬菜品种虽然减产了，而价格依然低迷，这让行内人士一时也看不懂，后经解释，春季低温寡照，设施蔬菜上市偏晚与大路菜上市重叠，总体供应量还是偏大。

关于农产品的卖难，叶圣陶先生的著名短篇小说《多收了三五斗》作了生动的描述，此后“多收了三五斗”逐渐成为丰产不丰收、谷贱伤农的代名词。但《多收了三五斗》的背景是20世纪30年代的旧中国，江南农民深受三座大山压迫，与如今的时代有着本质上的区别，在政府支持、信息较为畅通、物流运输发达、市场经济日趋成熟的今天，为什么农产品还在重复着“多收了三五斗”的悲剧？

（一）直接的原因——套用托尔斯泰的话，赚钱的农产品是相似的，而低价滞销的农产品则各有各的原因

先说经常出问题的蔬菜。蔬菜是典型的生鲜农产品，不耐储藏，运输损耗高，所以就地就近供应为主，销售半径较小，一旦大量集中上市很容易价跌滞销，当然不是消费者不吃了，而是确实吃不了。须知蔬菜单产是很高的，一亩芹菜产量上万斤，能供应几千个家庭。在这种情况下，往往出现一个地方蔬菜烂在地里而另外一个地方依然价格高企的现象，一般会想到异地调剂，实际上运输成本一算也就不划算了；还有的提出赶快建加工厂，实际上也是远水难解近渴，地里的菜几天就烂了，工厂何时能建好，而建好厂加工出来的菜就能赚钱吗？更要命的是，作物是有茬口的，这一茬不行，就得赶紧翻种下一茬，否则影响全年，所以就会出现新闻报道中的农民把菜直接翻耕在地里的情形。因而，当蔬菜滞销时，除非就近想到好的办法，其他的呼吁基本上是道义支持。

再说2014年春天比较热闹的樱桃。5月下旬西安街头的樱桃好一点的卖10元一斤，一般的8元一斤，还有的10元两斤，城里卖这个价，地头的价就很低了，有的农民可能要赔钱。先说特殊原因，主要是气候因素导致上市期相对集中，量大价跌。再具体分析：其一，樱桃是典型的时令水果，上市期短，就十来天（保护措施除外），很容易形成集中上市局面；其二，保鲜难，必须就近就快卖出，远距离运输和较长时间保存，技术上

可以解决，但成本很高；其三，对气候敏感，遇雨裂果，容易出虫，品质严重下降；其四，樱桃好吃树难栽，对栽培管理要求高，特别是不同水肥条件造成的品质差异明显；其五，果粒小，采摘成本高，产量又较其他水果低，一般每亩一两千斤，生产成本相对其他水果偏高。这几年樱桃价格一直在每斤几十元，良好的效益导致面积扩张较快，几乎难免量大价跌局面，于是部分地方率先出现滞销，这可能只是一个开始。

如果仔细观察，出现卖难的农产品一般具有以下特征：一是小品种，市场容量小，像各类特色瓜果、区域特产等，一旦扩大种植很容易导致销售不畅，这几年的“姜你军”“蒜你狠”就是典型；二是鲜活品种，只能就近就快销售，前面提到的蔬菜，特别是含水量高的大路蔬菜品种，很容易多了或少了，区域调剂不及；三是非必需品，可替代性强，一旦错过了时节，其他农产品会迅速替代，如樱桃、杏、桃等时令水果，就那么几天档期。

（二）内在的原因——生产组织化程度不高，小生产与大市场的矛盾难以化解

农产品卖难问题，说到根本，还是信息不对称造成的小生产与大市场的矛盾，成千上万的具有自主生产经营决策权的农户（农业企业）与当前的大市场大生产要求不匹配。为什么都信息时代了，还是信息不对称，生产依然混乱？我想分三个阶段来形容：

第一阶段，是信息的完全不对称，生产与市场脱节，这种状态更多的是传统农业时代，其生产决策的基本依据是往年的情况和周边情况，这也就是“三农”研究者经常提到的，按老经验办事，盲从心理严重；但由于传统社会农产品处于自给自足状态和小区域流通，倒也多年稳定，生产销售波澜不兴。

第二阶段，是信息的表面畅通与生产的无序竞争，让小生产与大市

场的矛盾急剧放大，又缺乏应有的行业约束。在信息时代，每个人都看得见商机，很容易陷入股票市场上的“多头陷阱”，看似上涨，实际猛跌。2013年下半年多数人看得见的“猪周期”回升期反而成为加速下跌期，就与这个原因有关，当大家都扑向生猪周期谷底的时候，谷底被意外延长了。而国外为什么这种现象少？因为生产主体一般规模较大，特别是生产的计划性、组织性较强。比如，美国是有行业协会的，欧洲是有合作社体系的，日本是有农协的，而我们的行业协会与合作社组织都太小，没有影响力和组织协调力，生产无序竞争，忽上忽下严重。目前正处在第二阶段。

第三阶段，是信息系统的畅通与生产的有序竞争相融合。有人说，发达的市场经济恰恰是高度的计划经济，只有如此才能避免生产大起大落。我们是对计划生产进行了市场化的否定，还缺乏对自由竞争市场经济初级阶段的否定与扬弃。我们讲规模化，但规模还非常小，更重要的是，这种规模还没有进入市场体系的自觉调节系统，生产秩序的自由散漫依然。如果说，我们能形成一些足够影响市场的规模农业主体，或者能形成一些有重大影响力和市场话语权的行业组织，那么这个无序生产可能就会收敛一些。当然，地方政府政绩工程冲动下的盲目行政推动也是一个不可忽视的因素，也比其他因素更难控制。

（三）异样的稳定——越刚需越安全但不一定高效

然而，在一片滞销声中，也有农产品在滞销中缺席，是谁？答：大宗的粮油产品，同时还有牛羊肉这个市场新贵。

粮油为什么会稳定？因为粮油是典型的刚需性、战略性农产品，其特点是，需求固定，不可替代，人不分贫贱，每天的粮食需求量是相对一定的，蔬菜水果包括肉类不能替代粮食的主食作用；总需求量很大，市场容量巨大，一般的资本根本撼动不了市场格局，生姜、大蒜资本很容易炒作，但粮油很难；国家宏观调控高度关注，生产一般不会大幅度波动，市场价格也相对稳定；较耐储藏，运输方便，粮食最少能存一两年，米面全国流通。粮油的这种特性决定了其在食品供给中的基础性地位，价格会控制在相对较低的水平以防止带动物价整体上涨，但单位面积收益就不会太高，虽然有国家各类补贴政策在内，依然属于低效农业范畴，提高收益的唯一途径是扩大规模，但在人多地少的现状下，达到规模效益较难。于是，生产者往往非粮化冲动严重，以寻求单位面积上的高效益。

牛羊肉价格又为什么会这样坚挺？主要是供求关系所致，与生猪、家禽相比，牛羊不仅生产周期长，而且扩张速度极慢，占用资金大，效益还不明显，所以包括大量农民在内的养殖主体，都放弃了牛羊产业，而大型的资本更不会选择这样的产业。但市场需求却不断在扩大，涨价也就成为必然的趋势，与2007年牛羊价格飞涨前的情况相比，2014年的牛羊肉价格几乎涨了两倍，依然没有停滞的意思，专家预计未来五年还是上涨趋势。到目前这个价格水平，牛羊产业慢慢有了企业投资的价值。

那么问题也就显而易见了，为了追求更高的效益，人们放弃了挣钱少的农业产业，不约而同地奔向了高效农业，于是就不得不面临更高的市场风险，因为不约而同就意味着产能的迅速扩大，供过于求的局面几乎不可避免。

（四）根本的出路——要提高生产的组织化程度，而不是过度地强调规模化，也不是信息化

对于目前各地的卖难问题，普遍的认识是要解决信息的不对称，其实对于一些农产品而言，就是信息的问题能解决依然无法化解卖难的问题，原因如下：

首先，在信息充分对称的情况下，依然无法阻挡生产的无序化，像这几年生姜、大蒜的情况基本就是这样，即使政府发布警示信息也没有用，依旧一哄而上又一哄而下。

其次，即使产销信息能对接上，也多为远水难解近渴，那些鲜活农产品主要靠本地化解决问题，外运不仅有保鲜的问题，更有成本的问题。

再次，最重要的问题是，农产品多了绝对不是靠感情来多消费就能化解的问题，因为每个人对农产品的消费能力就那么大，不像衣服等商品价钱便宜了可以多买几件，所以就出现牛奶倒掉了、蔬菜扔掉了等情形，全是没有办法所致。

所以，卖难问题的最终解决，要靠提高生产的组织化程度，不再是一盘散沙，各自为战，而是有组织、有计划地组织生产，目前看来无论是龙头企业还是农民合作组织和行业协会都难以担当这样的重任，还有待在农业现代化的进程中逐步化解。当然，组织化的一个重要方面还是规模化和信息化，并不是说这些不重要，也需要有序推进。

那么面对当前的卖难问题，有哪些办法来缓解？从政府层面看，要减少行政化的生产干预，在没有解决市场销路的前提下，不要再号召农民生产什么；从生产者角度看，要更加注重市场研判和营销，以订单生产为上；同时，要摒弃逐利的投机思想，避免陷入高效农业的误区，对于那些有一定规模的经营主体而言，传统的粮油作物恰恰是最没有风险的，收益也是稳定的。

投资农业的八种心态

心态影响成功！立项是立志产业还是贪图项目？运营是依靠市场还是紧盯政府？用地是一心种地还是坐地生财？布局是大轰大嗡还是平和淡定？盈利是急功近利还是循序渐进？管理是贪大求洋还是经济实用？合作是发展共赢还是两败俱伤？面对困难是不离不弃还是黯然离场？

随着现代社会对情商问题的重视，人们进一步放宽了影响成功诸因素的视野，而心态也逐渐成为其中讨论的热点。心态显示一个人的精神状态，对于人生成长与事业发展往往有很大的影响。比如，某个运动员临场发挥好，大家会说他心态好；有的人面对逆境依然自强不息，大家也会说他心态好；而有的人失败了，大家可能也会说他心态不好。于是有人说，心态决定命运，拥有什么样的心态，就拥有什么样的人生。在今天这个心态普遍比较浮躁的社会，能不能保持一个良好的心态，十分关键。根据我的观察，农业投资的过程中心态问题同样重要，或成功，或失败，投资人的心态影响很大。需要注意八个方面的心态问题：

（一）在立项的心态上，是立志产业还是贪图项目

投资农业，到底为什么？这是必须回答的首要问题。如今随着国家对“三农”的重视，出台了一大批强农惠农富农政策，农业项目投资逐年加大，于是一些人将目光盯准了国家的政策和项目，想钻空子套资金，这个出发点一旦确定，也就决定了投资的结局，基本上是“庞氏骗局”

的再现，做形象工程套国家项目，为应对项目验收又继续做形象工程，然后再申报新的国家项目，恶性循环下去。这不仅需要长袖善舞的高超本领，而且轻易不好退出，一旦失手一败涂地。就目前的国家政策而言，除过农业机械的财政补贴比例在 40%—60% 以外，其余的农业补贴一般不会超过投资的 20%。也就是说，如果要贪图国家的项目，就得多付出四倍的投资，而且还要受项目的资金用途管制、建设规模要求与质量监管等，必然会很累。所以，在国家项目的态度上，虽然不至于刻意回避，但绝对不能为项目而做产业，这是完全本末倒置的。正确的心态是，做产业的同时积极申报项目，有项目则锦上添花，无项目则依然稳定发展。或者形象比喻一下，国家项目就是油泼面上的那一勺辣椒，有了肯定美味，没有照样吃饱。非得在财政项目一棵树上吊死，神也没办法。

（二）在运营的心态上，是依靠市场还是紧盯政府

市场经济已经发展到今天的地步，很难想象一个产业项目不去依靠市场而寻找到其他的生存路径。但在农业投资中，一些投资者不是在市场中主动找机遇，而是在政府中找机会，按领导意志办事，希望领导能支持，政府来买单，走背靠大树好乘凉的捷径。不可否认，前些年确实有一些农业投资，最终做了一批政府采购的产品，只要有人脉，销售、利润均有保障。但眼看着这些年政府加速从市场领域退出，政府特供、政府包销不灵了，特别是“八项规定”出台以后，做政府供应的，其局面可谓惨不忍睹，转移必不可免。还有因为地方政府领导变更导致的产业发展重点变迁，给轻易难以调整的农业投资带来不可小视的影响，那些见风使舵的弄法在农业上终究很难吃得开。现实可能跟着张县长种核桃有优待；而王县长来了要种樱桃，难道要拔了核桃树再改种么？还是看好市场，走好自己的路。

（三）在用地的心态上，是一心种地还是坐地生财

农业是要在土地上实现生产的，发展农业的前提肯定是置地。由于我们国家实行国有和农村集体两种不同的土地政策，客观上形成了农地转变为国有建设用地后的大量增值现象，从而引发了一些人对土地潜在价值的觊觎，大搞“醉翁之意不在酒”的所谓投资，希望将来能在土地中狠狠赚上一把，但结局往往是偷鸡不成反蚀一把米。为什么会这样？因为土地归根结底还是农民的，如果土地能变性并形成较大的收益，还得分配给农民，想从农民手中夺取生存的根基还不让农民反抗的，我没有见过。更何况，大多数土地是变不了性的，只要用途管制，圈占的农地就缺乏升值的空间，因为农地的价值取决于土地的产出而不是城市的房价，世界上的农地价格都是便宜的。所以，还是老老实实地种地好，想方设法把土地产出和效益提高。

（四）在布局的心态上，是大轰大嗡还是平和淡定

搞惯了工业的人一转入农业，往往陷入资本的盲目自信，以为可以像工业一样，大资本投入，大规模启动，大踏步入市，动不动圈地上千亩，摊子铺得很大，但后续资金、人才、管理跟不上，结果往往是欲速则不达，场面轰轰烈烈，结局凄凄惨惨，相当一部分做成半拉子工程下不了马。农业不是工业，仅这一点就让多少二、三产业转入的资本竞折腰！其实除过生猪、家禽等少数几个农业产业实现了高度的工业化式的标准化生产外，大多数的农业产业还是相对传统的，缺乏工业化的基础，生搬硬套，伤了产业，坏了投资，毁了预期。所以，要做好农业，就要好好花些时间精力来研究产业，耐心打好底子，一步一步来，为以后的持续产出奠定基础。

（五）在盈利的心态上，是急功近利还是循序渐进

农业上能挣钱，但不能急，要等得。联想的柳传志说，联想农业做

好了十年不盈利的准备。褚橙也是褚时健用了十年时间培育出来的。搞商业流通，可能个把月就能实现资金的周转；搞工业生产线，可能一年也能实现几次流动资金的周转，但农业不行。种植业上春华秋实是自然规律，春季投资直到秋季收获冬季销售资金才能回笼；养殖业上从母畜配种到商品代繁育再到吊架子催肥，最快的生猪也得多半年；更不要说果树需要连续投资几年才能逐渐挂果。所以，一定要算好固定投资与资金的比例，考虑到农地无法抵押的天然约束，留足流转资金的厚度，不要因为资金困顿最终倒在了黎明前。

（六）在管理的心态上，是贪大求洋还是经济实用

农业上来不得半点虚假，有"人哄地一时，地哄人一年"之说。农业上也不需要过多的花里胡哨，做表面文章是徒增成本而不会增加效益。比如修建日光温室，用土坯墙和用砖墙，搭简易操作房与修建高标准工房，可能效果差得并不多，但成本却大相径庭。现在一些农业投资，外表高端大气上档次，盈利水平却低端奢华无内涵，偶然一参观眼前一亮，仔细一打问心头一紧。有的搞设施农业，一味搞大型连栋温室，每平方米投资上千元，根本不可能实现那么多产出；有的牛棚设计竟然也要抗八级地震，无谓地增加了基础投资。农业投资为的是效益，不是为好看，能挣钱才是硬道理。除过要做农业旅游，还是土气实用些好。

（七）在合作的心态上，是发展共赢还是两败俱伤

与农民打交道，是投资农业绕不开的坎。以什么心态看待农民、联系农民，对农业企业的影响十分关键。与周边的农民联系紧密了，农民有感情，事情就好办；让农民在发展中积极参与，广泛受益，农民会感恩，产业肯定能壮大。有的企业一圈地就想甩开农民，却不知企业到农村经营土地本身就有一种工业反哺农业的道义，那些失去了土地却又无法进城务工的农民肯定还要在土地上就业，不给他们机会，可能就会要

回流转的土地，甚至酿成社会事件；企业要盈利，农民要致富，合作共赢是正途，当地农民的劳动技能、人力成本肯定低于外边请的人，更不要说对当地土地熟悉的程度，对自然风险掌握的程度，都对企业经营大有裨益。如果仔细观察“褚橙柳桃”，让基地的农民获得良好的收益是基本做法，也是保障产品品质的关键之举。

（八）在困难的心态上，是不离不弃还是黯然离场

“多灾多难”这个词用在农业上，绝对恰如其分。雨少了不行，容易形成旱灾；雨多了也不行，容易造成洪涝；雨下的时候不对也不行，可能起到反作用，典型的就是红枣收获季节遇雨，裂果烂果让人头疼。所以，农业上遭个天灾人祸的情况十分正常，我国年平均农作物受灾面积比例在20% 左右，像陕西还超过 30%；而黄浦江上飘浮的死猪基本上来自于管理水平正常的养殖场，一个正常的养猪场其生猪一般死亡率也在千分之一到百分之一。在风险面前只有坚持才有出路，一旦赌气出局或者心灰意冷，则投资打了水漂不说，留下的烂摊子收拾起来还要花费大量精力。

总之，投资农业一定端正思想，摆正心态，在事前要想明白，不要想得太简单；在事中要尊重农业规律务实推进，避免急躁和蛮干；在遭遇挫折后要善于亡羊补牢，在恢复和改进中坚持。只有如此，才能在坚持中迎来丰收的季节。

上山下乡不容易
——也说资本下乡

目前似乎已经过了讨论资本能不能或者应不应该下乡的问题。农村缺资本，资本想下乡，而且资本也已经下乡，这些都是既定的事实。如果视之为洪水猛兽，也要疏导为主，而不是一味堵截，泛滥四溢。问题在于资本如何下乡，如何处理好与农民的关系。

资本下乡的问题，目前似乎已经过了讨论资本能不能或者应不应该下乡的问题。不管怎么说，农村缺资本，资本想下乡，两个方面都有现实需要，而且资本也已经下乡，这些都是既定的事实。对于资本下乡，如果视之为洪水猛兽，也要疏导为主，流入大海，而不是一味堵截，泛滥四溢。目前的问题在于，资本应该如何下乡，如何处理好资本下乡与农民的关系。在客观的经济规律面前，道德的批判并没有力量。

资本下乡也不容易。资本为什么要下乡？从本质上讲，资本是要逐利的，但实际上农业逐利不易，所以我这些年见多了在农业领域鼻青脸肿的“外来户”。我甚至开玩笑说，农业部门不乏将稻草说成金条的能人，害得一批二、三产业的资本成了农业行业的“包身工”。仔细查看那些鼻青脸肿的农业企业们，吃亏在原料问题的不在少数，在家庭小农经营背景下，农产品不标准是肯定的，若要改进，必须通过土地流转，自建原料基地，必然比农民生产成本高出不少，而且农产品品种这么繁杂，如何样样俱到？还是要找好合作对象，比如有点规模的合作社、种养大户，但中间环节的道德风险又马上显现。过去常讲农业两大风险：自然风险、市场风险，资本下乡则可能有四大风险，除上面两个外，还有制度风险（特别是土地用途方面，抱着农地非农化的幻想和投机的企业尤其需要警惕，一批养殖企业已经因为土地政策的严厉化，被迫从农田里退出，退出的同时，意味着投资的损失）和社会风险（原来叫农民的道德风险，是对于出租的土地那种难以割舍感情下的土地承包权属突然收回和对企业经营的干涉，实际上好多农业企业无法适应的不是与政府打交道，也不是市场难，而是与企业周边的农民打交道，不少为此心力交瘁）。

资本下乡圈地也难。资本能有多少地可圈？如果老看见城郊地带那5%的农地，可能会导致偏离问题研究的主流，大量的农地远离城镇，很长时间并无非农化的可能。一位专家讲，将来农民要从山里出来，资本家要进到山里去。如果是这样的资本下乡，确实是理想的。如今在农民还没有大规模退出的传统农业地区，实际上农民的土地流转价格已经不低，资本某种程度上也是身陷农业投资的泥沼，脱身不得；至于圈地则与社会稳定关联很大，一旦发生企业与农民的利益冲突，往往会以法不责众、维护稳定的原因，让企业付出代价后退出。这个问题其实就是上面提到的制度风险和社会风险。更重要的是，也有一些地方因为官员的更换而导致人走政息的情形，抱着投机目的的企业尤其要注意。

资本下乡的路径。平心静气地讲，农业理论上的收益率也不低，如果能在土地、技术、资金、人才、管理、营销等方面均有较好的条件，则资本下乡显然是可以实现逐利目的的，也一定程度上可以体现企业的社会价值。但目前需要注意：

第一，目的要再单纯些。我看联想的口号就很好，“做好了长期不获利的准备，准备好了长期的投资”。否则见过那么多的企业做农业，经常遇到的第一个问题就是，理想很丰满，效果很骨感！急功近利，农业做不到。

第二,一定要选择好项目。那些劳动密集型的产业，企业并不占优势，事实上这些年企业都在参与的行业有基本的共同特点，即适合资本密集投入而不是土地密集，对人力资本的要求较高但绝对数量较少，经营管理水平要求高，工业化生产程度高等，典型的就是养猪，基本上是拼资本，行业利润是平均的，生产是近乎工业化的，而且资本的有机构成越来越高；但有些畜牧产业也不行，比如同为畜牧行业的肉牛，至今没有破解工业化生产的问题，企业养肯定要赔钱，所以投资多集中于高档育肥和屠宰环节。类似的还有养羊，这也是“牛魔王”“羊贵妃”横行的根本原因。现代农业即便有再多的问题，但其生产效率无疑是高效的。粮食产业则理论上是典型的土地密集型产业，规模效益是明显的，但核心在土地流转的成本。

第三，注意做好风险应对。上面已经提到，有四大风险，市场风险，多数知道，但自然风险应对良好的就不足，2013 年春季突然的倒春寒，顿时让陕西 200 多万亩苹果受害，这将影响一年的收成。一些农业企业进入当地，往往缺少对于当地自然条件的了解，基于工业理念的设计，缺少这方面的预案性设计，致使理想的目标始终无法达到。至于制度风险，许多企业已经跌倒在这个上面，不必赘述；更有社会风险，明显应对不足，在与农民的冲突面前往往难以全身而退。

第四，切实做好管理。农业就粗放吗？不一定，而现代农业肯定是精细农业，经营农业必须要运用好现代经营管理经验，就像养猪，已经进入产业链竞争阶段，拼的就是资本、技术和管理，2013 年一般养猪企业赔得都很厉害，但也不全是，精细管理的亏损要少，甚至还在盈利。

资本下乡的监管。把权力关进制度的笼子里，对资本下乡同样适用，就是要把资本下乡关进“农地农用”笼子里。只要管住这一条，不管是否套项目资金，还是搞形象工程，一旦不务正业，资本注定要付出代价，逼到最后的结局是要么老实做，要么忍痛退出去，但核心是农民的利益问题。对于农民来说，让人悲哀的情形是：地没有了，钱给的也不多；最悲哀的情形是：地不仅没有了，而且给的钱也花完了，明天怎么办？这是资本下乡最需要防范的情形。资本可能不负这个责任，但地方政府要负这个责任，农村经济集体的负责人要明白这个责任。

为什么土地流转就要“非粮化”“非农化”

当我们站在道德的高地指责资本下乡不务正业的时候，最好也反思一下这其中的经济原因。不能光片面地宣传，一搞土地流转、规模经营，产量就上去了，效益就提高了，农民既有流转收入，又有就地务工收入，真是一举多得！实际上哪有这么容易？

尽管资本下乡的非农化报道这些年不绝于耳，但是《中国青年报》的长篇报道还是引起了新一轮的讨论（详见 2015 年 4 月 20 日《中国青年报》第四版《资本下乡：有实力争地，没能力种田——冀南农村土地流转“毁约弃耕”现象调查》，新闻链接：http://zqb.cyol.com/html/2015-04/20/nw.D110000zgqnb_20150420_1-04.htm）。根据这个调查性报道，资本下乡的企业中，有目的不纯的，但也有的是看到了国家对农业的大力扶持，有的以为搞农业比其他产业可能更容易，有的是基于朴素的农业情结。“但大都对农业的基本属性、农业投资的复杂性、长期性和风险性缺乏深入认识，属于盲目跟风。”“下乡种地的‘老板们’无知者无畏，加上的确不差钱，地租也就一涨再涨。”已有多年土地流转经验的邯郸地区王姓种粮大户对《中国青年报》记者感叹：“我真不知道这么高的地租红薯怎样种才能不赔钱。”这只是资本下乡乱象中的冰山一角。事实上，这些年，随着土地流转加速、资本下乡活跃、生产资料与劳动力成本上涨等因素的积累，农村土地租金呈现较快上涨趋势，在增加农民财产收入的同时，也带来了值得关注的一系列问题。

首先，值得关注的是流转土地的非粮化冲动。种一亩粮食纯收益才300元左右，而一亩地的租金现在一般在500—800元，好一点的地上千元。当前即使采用最先进的技术和物质手段，也很难让种粮收益翻番，唯一可能的路径便是种植比粮食效益更高的非粮作物，这便是“非粮化”的直接原因，这部分对粮食安全的影响是不可忽视的。如果地租继续上涨，比如西安南郊的农地租金已经到了每亩2000元以上，那一般的高效农业也保不住了，只有“非农化”了，挖鱼塘，搞庄园之类的了。所以，当我们站在道德的高地指责资本下乡不务正业的时候，最好也反思一下这其中的经济原因。不能光片面地宣传，一搞土地流转、规模经营，产量就上去了，效益就提高了，农民既有流转收入，又有就地务工收入，真是一举多得！实际上哪有这么容易？

其次，要关注资本下乡的规模经营陷阱。在社会资本以各种目的大量涌向农村的时候，人为的、急切的发展大规模连片经营，在高土地成本、高劳动力成本、高融资成本三大因素的挤压下（农民自己经营则没有前两项成本），大规模经营实际上十分困难，一些所谓的农业龙头企业只能靠政策性补贴和非农业务来维持，这是偏离现代农业发展初衷的，也是超越现有生产力水平的。一个老板从城里来到农村搞标准化果园，按照理论测算，一亩地前期投入不到一万，纯收益在3000元以上。等到投下去以后，发现投入远远不止这些，因为人工是一个比化肥、农药更大的投入项，果区的人工价格已经到了每人每天150元的价格，甚至人工超过了投入品。比如，春天给苹果套袋，一个日本进口纸袋也就四五分钱，可是套一个果袋的人工费用竟然接近一毛。不仅如此，每次的果园劳作都要用人工，几年下来，人工的花费是一个天文数字，挣钱何其难也。

再次，要关注农村劳动力隐性失业带来的社会问题。农村土地流转加速，既带来农村劳动力进一步兼业化和加速向城镇转移的趋势，也带来农村留守群体的隐性失业问题，有土地却流转给了别人，想出去打工却因为个人和家庭因素出不去，如果流转主体再不优先考虑吸纳就业，很容易形成农民就地就业的强烈诉求，典型的就是中途退出土地流转或强行要求进入流转主体就业的社会事件。这也成为资本下乡又一个难以承受之重。一旦企业经营情况好转，差不多都会遇到流转土地的农民提高租金的要求，有没有合同根本不重要，大多情况下都是法不责众，只有在当地干部的撮合之下息事宁人。麻烦的还不止这些，建设的工程还必须由村上的建筑队来干，场里的工人还得优先从村上雇用，不管你是不是愿意；村上搞个什么扶贫问苦、红白喜事、节日庆典，企业还得“主动”赞助；等等。

最后，还有资本下乡自身的严重管理问题。有钱但没有人，干二、三产业十分内行，做起农业一个比一个外行，最终的结局，往往是“种下龙种，收获跳蚤”。既懂经营、又懂农业的复合型人才，喊了多年，真正到了用的时候，发现十分难找。连联想这样的国内一流企业，在做农业 5 年之后，依然坦言人才是最大的瓶颈，搞 IT 的有，搞农业的也有，但能把“互联网 + 农业”做好的跨界型人才暂时没有。所以，当老板们满怀农业梦想来到希望的田野后，逐渐失落，直至绝望，与其冒着风险种，还不如荒着损失少点，至少用不着再投入了，也少了人工管理费用。这便是资本下乡的流转土地上杂草丛生的重要原因之一。

所以，有的时候，我们甚至不得不对那些资本下乡的企业怀抱着一些“同情与怜悯”，他们可能也只是某些地方推进土地规模经营的牺牲品。也正因为如此，当媒体一味地报道地租上涨的“好事”时，我们最好还是理性看待，猛涨之后一定带来问题成堆！更必须对一些地方政府发出警告，必须对规模经营全面认识和理解，慎重引导，坚决防止违背正常经济规律的人为归大堆，垒大户，虽然表面增加了农民收入，实际上却形成了劳民伤财的规模经营政绩工程；也要更加关注如何更好地扶持规模经营主体来服务国家农业战略的问题，在农田基建、技术服务、政策补贴和科学奖惩等方面加大对粮食规模经营主体的扶持；还要规范和科学引导农村土地流转，防止一哄而上又一哄而下，一定要坚决避免在农村形成正常经营难以为继的半拉子“现代农业”工程。

玉米还是粮食吗
——给你另外一个角度

玉米其实已经不是传统的粮食作物概念了，而是一种重要的饲料工业和化工工业原料，其价格的形成机制也远远超出农业范畴。这时的玉米真的已经不是传统的玉米了！

提出这个问题，我自己也吓了一跳，这不是找拍吗？玉米可是世界五大粮食作物之一。然而，我还是想冒着被拍砖的危险探讨一下。

我对玉米“耿耿于怀”已经不是一时半会了。玉米作为人们印象中的“粗粮”，价格竟然与小麦并驾齐驱，甚至有时还要高于小麦，这正常吗？如果从生产成本角度看，自然有人工、机械、生产资料投入成本的增长因素，但每个粮食作物均如此，玉米价格不应独秀于粮。如果从食用消费角度看，除过还吃点鲜棒子、熬点稀饭等少量用途外，玉米的直接食用已经很少。如果从饲料角度看，则畜牧业消耗玉米的主要是粮饲型家畜如猪、鸡等，牛、羊是食草的，但近年生猪的存栏并未大幅增长，有时还在下滑，并不能推动玉米价格上涨。

那么问题的根源在哪里？主要是玉米的非粮加工和粮食市场的国际化。2012 年的美国干旱被炒得纷纷扬扬，说美国玉米要减产，国际粮价要涨，将通过进口导致中国粮价上涨，再推高畜牧养殖成本和物价指数。但这样的新闻却忽略了玉米不够用的真相。2012 年，美国畜牧业、饲料业 19 个组织联名上书，要求美国放松玉米加工乙醇的相关强制性法令，临时减少乙醇的燃料加工比例，减轻饲料与畜牧行业的压力。因为，美国乙醇的生产原料97%是玉米，消耗的玉米量已经从1981—1982年度的8600万蒲式耳（合218万吨）增长到2011—2012年度的50亿蒲式耳（合1.27亿吨），占到美国玉米产量的40.9%。这个数字无疑是惊人的，这才是玉米价格上涨的真正推手。

与美国的情况类似，国内的玉米加工量也在迅速增长。2006年中国玉米深加工消耗量达近3600万吨，占玉米总产量的1/4，且加工能力增长速度数倍于玉米产量增速。当时就有专家就指出，中国玉米淀粉和乙醇加工能力已经是2030年以后的玉米生产所能够支撑的加工能力；在3—4年内，中国就要进口玉米，10年内，中国需要进口1500万吨以上；且生产农业生物质能源，国家需要大量的财政补贴，生产越多，国家财政负担越多；因而，中国不能走美国式的玉米乙醇加工路线，而要从木薯等其他原料上想办法。

如此这般，玉米其实已经不是传统的粮食作物概念了，而是一种重要的饲料工业和化工工业原料，其价格的形成机制也远远超出农业范畴。这时的玉米真的已经不是传统的玉米了。

可为什么非要玉米来承担燃料作物的角色？这完全是美国新能源政策的结果。为了应对国际的高油价，美国公布了生物燃料添加份额法令，等于以补贴的低价格生物燃料来补贴高油价。如今，美国生物燃料日供应达80万桶，占整个燃油消费的5%，而且还是世界第一乙醇出口大国。美国政府乐观地算计到：生物燃料产业不仅带动了玉米生产，而且增加了数百万个就业机会，缓解了对石化能源的过度依赖，加快了新能源产业的发展。然而，当新能源政策成为法令，其执行不免僵化。面对严重的干旱，燃料依旧要消耗美国2012年1/3以上的玉米。这一年美国正值选举关键之时，分析家指出，为了讨好玉米带的农民，奥巴马政府可能不会调整新能源政策。这样的局面，怎能不让畜牧饲料行业忧心忡忡？

然而，美国感冒了，中国却被迫吃药。因为玉米定价权掌握在美国手里，尽管中国玉米进口量并不大，但市场却与国际连为一体，最终涨价的成本可能要中国买单。那么，国内的乙醇产业又将在可能到来的玉米价格上涨中如何表现呢？

第四主粮：为什么是马铃薯而不是红薯

马铃薯与红薯在近几十年间完全走出了此长彼消的不同命运。这显然是一个符合经济规律的自然选择结果，对此红薯恐怕要有一点认赌服输的精神。仅仅从营养角度看，马铃薯近乎神人，而红薯似乎名头小了许多。

2015年一开年，一则普通的农业新闻却引起了娱乐新闻一样的轰动效果。1月6日，中国农业科学院、国家食物与营养咨询委员会、中国种子协会在京举办马铃薯主粮化发展战略研讨会，以马铃薯主粮化与国家粮食安全为主题，深入研讨马铃薯主粮化的战略意义、发展思路、目标任务和推进途径。农业部副部长余欣荣在会上表示，要以科技创新引领马铃薯主粮化发展，努力推动形成马铃薯与谷物协调发展的新格局。据介绍，马铃薯有望成为稻米、小麦、玉米之外的第四大主粮作物，种植面积将逐步扩大到1.5亿亩，年产鲜薯增加2亿吨，将显著提高国家粮食安全保障水平。消息一出，顿时引发各方关注，让一向为人冷落的马铃薯顿时多了不少人气，但也引发一些争论，为什么是马铃薯，而不是红薯？比如一篇报道的题目就很能体现这一疑问情绪：《土豆君退出蔬菜界成主粮：红薯山药已哭晕》。作为一个曾经研究马铃薯八年之久的农业科技工作者，我倒是来了兴趣，准备回答一下这个问题，何以马铃薯在新主粮的竞争中胜出？

第一，从发展趋势看，马铃薯一直走上坡路，而红薯一直走下坡路。

与红薯相比，中国马铃薯面积在经历20世纪70和80年代的调整后，面积、产量在持续增加，2012年达到8300万亩，总产1855万吨（已按5∶1折粮，鲜薯总产9275万吨），分别占全国薯类面积的62%和总产的56%；而红薯的面积在1960年达到历史最大的1.5亿亩之后，一直在下降，到2012年只剩下5000万亩左右，较高峰期减少近2/3；产量为1400万吨（已按5∶1折粮，鲜薯总产7000万吨），较高峰期减少近40%。可以说，马铃薯与红薯在近几十年间完全走出了此长彼消的不同命运。这显然是一个符合经济规律的自然选择结果，对此红薯恐怕要有一点认赌服输的精神。比如，红薯的膳食地位明显下降，过去是高产作物，困难时期种植特别多，很长时间在膳食消费中占据重要位置，以至好些人的胃有了红薯恐惧症，现如今把红薯当饭吃的人已很少了。再比如在饲料方面，过去红薯与红薯秧地位不容低估，但现在玉米担了主纲，而红薯与春玉米的生长期又基本雷同，很多地方上玉米而下红薯。

第二，从市场前景看，马铃薯相当给力，而红薯就有些弱了。如果用一句话来形容的话，马铃薯的市场前景可谓高端、大气、上档次。马铃薯与玉米、小麦并称三大淀粉作物，尽管玉米淀粉产量大、价格低廉，但马铃薯淀粉却因性能独特为玉米淀粉所不能替代，主要表现在：高黏性，比一般的小麦、玉米淀粉黏度高得多；高聚合度；含有天然磷酸基因；品味温和，基本无刺激性，没有小麦、玉米那样典型的谷物味。因此，马铃薯淀粉虽然价格高一些，但广泛应用于食品、医药等高端产业，衍生品多达2000种以上。其加工增值空间同样惊人，加工成普通淀粉可增值1倍以上，加工成特种淀粉可增值十几倍，加工成吸水树脂可增值8倍，生产环状糊精可增值20倍，生产生物胶增值高达60倍以上。同时，传统马铃薯粗淀粉食品加工业也在改造升级，如对粉条、粉丝等传统加工工艺的改造，带来了新的市场空间。特别是马铃薯加工食品尚属新兴市场，潜力巨大，目前发达国家的马铃薯加工业70%是食品加工，中国还处于初级阶段。更有甚者，还有用马铃薯开发出马铃薯生物电池的，简直让人 hold 不住了。

第三，从适应上看，马铃薯可以说四海为家，红薯则要娇气许多。马铃薯与红薯，虽然都叫薯，但生性差距相当远，马铃薯是冷凉作物，不喜欢炎热，3℃以上就能发芽；而红薯是热性作物，特别怕冷，9℃以下就可能会受冷冻；马铃薯生性特别耐旱、抗灾、耐瘠薄，一般不会绝收，因此有“救命蛋”的外号，山、川、原、坝等地形均可种植，土壤酸一点碱一点都不要紧。更让人叫绝的是，马铃薯可春种、夏种、秋种、冬种，最快的出苗两个月就可收获，一般三个月也可收获，在全国范围内一年四季都可以吃上新鲜上市的马铃薯。南方原来大量闲置的水稻冬田，近年大量种植马铃薯，既不影响水稻生产，还能轮作倒茬，更能增加一季收获。当然，如果因为马铃薯抗逆性强就以为马铃薯产量低那就 out 了，只要给合适的条件，马铃薯的产量可以突破你的想象。科学研究表明，马铃薯的产量潜力在每亩 16 吨，目前中国的大田已经创造出 6 吨以上的亩产，这是足以让袁隆平老先生英雄气短的产量水平——30 多年的杂交稻持续研究，目前能达到的仅仅是小面积的亩产 1 吨而已！而娇气的红薯相比马铃薯，那就有些难堪了，育苗得在温床里，过去温床的填充料还必须是马粪，多亏现在改了，不然在哪找马粪去？育苗之后还得移栽到大田，一棵一棵埋进土里，再浇上救命水，真是费时费工，除北回归线以外，其他地方基本只能在清明这个时节移栽，国庆后收获，茬口很不灵活。所以，“满城尽是马铃薯”，也算是适者生存吧！

第四，从营养角度看，马铃薯近乎神人，而红薯似乎名头小了许多。马铃薯所属的茄科作物，可谓人类最亲密的朋友，西红柿、茄子、辣椒、马铃薯这四大茄科作物是中国人的四大家常蔬菜，烟草更是不少男人的命根子。马铃薯秉承了茄科作物的优良基因，其营养全面，除碳水化合物外，含有大量蛋白质、矿物质和维生素等，在国外有“第二面包”之称；含一般粮食作物所缺少的赖氨酸、色氨酸及维生素 C，又被誉为“地下苹果”；

还有小麦和稻米中都没有的胡萝卜素。美国一项研究表明，全脂奶粉和马铃薯两样便可以满足人体营养需要。马铃薯低脂肪、低热量，碳水化合物含量只有米、面的 1/5；能量含量不到米面和豆类的 1/4；脂肪含量更只有大米的 1/4，面粉的 1/8。被营养学家列为“第七营养素”的膳食纤维含量丰富，能减少慢性便秘发病率，降低体内血脂、血糖及胆固醇水平；从食疗角度看，则和胃调中，健脾益气。科学家研究还表明，马铃薯是未来食品，目前宇航员的太空食品就包括马铃薯，将来人类在转往其他星球的过程中马铃薯是途中最理想的作物。红薯营养如何呢？与马铃薯相似，因为长在地下，也富含维生素与膳食纤维，但淀粉与糖的含量高了一些。

第五，从目前的膳食地位看，马铃薯是穷人的，也是富人的，而红薯更像是穷人的。马铃薯的食用价值是饥饿的穷人在勇敢的尝试中发现的，因为他们发现猪圈的猪用鼻子从地下拱出来一些神奇的块状物并安然无恙地吃下时，穷人不再犹豫；近年正在发生变化的世界马铃薯格局表明，亚洲和非洲的种植面积、产量逐年增加，马铃薯还在为发展中国家的人民继续提供着粮食和经济收入支撑，从这个意义上讲，马铃薯是穷人的。但观察马铃薯产业世界分布，我们还可以惊奇地发现，马铃薯的产业分布主要在世界北半球，而世界最发达的地区欧洲和北美也是马铃薯种植最为集中的地区；马铃薯最初是贵族们的最爱，即使今天，麦当劳的炸薯条某种程度上就是美国文化的一种象征，从这个意义上讲，马铃薯又是富人的。所以，世界同吃马铃薯，土豆产业有春天。目前，欧洲国家人均年消费量稳定在 50—60 公斤，俄罗斯人均年消费量达到 170 多公斤，而我国只有 30 公斤左右，确实有增长空间。而红薯因为生长习性问题，主要种植在北纬 40° 以南地区，以中国为主的亚洲占世界 80% 的产量，还不能称得上是世界主食。

当然，说了这么多，马铃薯进主粮也不是说进就进的事，必须让人们愿意当主粮吃，这还需要一些观念上的改变。长期以来，一提起马铃薯，人们的第一印象是淀粉含量高，多吃容易发胖，这其实是一种严重误解，一般的马铃薯淀粉含量仅15%—18%，比对起米面确实少多了，生产中淀粉加工厂长期催促着科学家研究出淀粉含量更高的马铃薯来，可惜效果并不如意。不仅如此，土豆在文化上也蒙受着不白之冤，比如马克思就曾用一麻袋土豆来形容法国19世纪的农民，东北有俗语叫“土豆再打扮还是土豆”。再比如，每天早上吃一个烤土豆或蒸土豆，俄罗斯人可能习惯了，中国人一时半会儿肯定受不了。要让土豆进主食，就要去土气和偏见，这需要长期的宣传引导。

而且也有技术上的问题。比如，马铃薯对于更多的人来说，更像是蔬菜，由菜转粮需要有好的食谱；马铃薯淀粉、蛋白质含量少，是做不了面条的，只能掺入面粉来做面制品，注定将来马铃薯当主粮吃的方法是掺和而不是独自担当；马铃薯主食制品的开发品种还很单调，选择性差，像马铃薯快餐食品、马铃薯泥、马铃薯面包、马铃薯方便面、马铃薯脆片、马铃薯果脯、马铃薯饮料等国外成熟产品在中国还很少，特别是在美国、日本占据马铃薯制品50%以上市场的冷冻制品和10%以上的冲调食品在中国还相当陌生；油炸薯条、薯片等马铃薯制品增加了油脂和盐的摄入，不利于身体健康，是营养学家极力阻止的垃圾食品，还存在油炸变性产生致癌物质的存疑。

至于今后想因地制宜扩大种植面积，在不挤占三大主粮的前提下扩大到1.5亿亩，把马铃薯亩产提高到2吨，年产鲜薯3亿吨左右，更需要市场效益来引导农民愿意种，还需要科研推广更给力，让优良的品种、科学的农艺等结合起来，实现增产又增收。

但不管怎样，从宣布马铃薯要进入主粮的那一天起，中国人的饭碗又将开始一次革命性的改变，既关系着每个人的膳食结构与营养健康，也关系着国家的粮食战略调整，更会带来饮食文化的深刻演化，值得期待！

规模经营与家庭经营矛盾吗

——其实二者可以统一

将来的小农发展，既不会像欧美的大农场模式，也不会像传统的东亚农业模式，而是呈现多姿多彩的情形，规模农业不是与家庭经营互相对立，而是互相补充，共同发展。

有的时候，本来不是对立的两面却在人为的固执中演化为对立的两面，就像是本来关系还不错的两个人，在众人的议论中走向了怒目相向。今天的农业经营模式问题正是这样的局面——你若坚持规模经营，你就是右派，就是西方学派，就是鼓励资本挤压农民，让小农破产；你若坚持家庭农户经营，你就是左派，就是马克思主义学派，就是维护农民利益。什么时候，我们的学术讨论已经到了这种偏激和狭隘的程度？！

在讨论城镇化问题的过程中，人与地肯定是绕不过的两个坎。一般的讨论认为，随着城镇化的加速，农村人口加速向城镇流动，农村因此具备了规模经营的基础，土地可以适当集中。但在具体的讨论中，偏于西方经济学派的看法是，要大力发展现代规模农业，这样才有效率，目前的中国农业，虽然政府补贴了那么多，但大多数农产品价格依然高于国际市场，是需要深刻改造的；而另外的一种看法则是，规模农业在中国也许永远都没有可能，因为即使农村人口下降到现在的1/5以上，人均的耕地依然达不到西方规模农业的下限，更何况一旦人为推动土地集中，脱离土地的农村人口必将是一个严重的社会问题。双方的观点显然都是有道理的，但是不是就没有调和的地方？显然不是的。

首先，把规模的定义放开来看。多大面积才算是规模农业？各国是不一样的。美国是典型的大农场，一般在3000亩以上，人少地多的俄罗斯也有此条件；欧洲是中小型农场为主，一般的面积在300亩左右，像德国61.94%的家庭农场经营规模在30—450亩之间；法国有关方面的测算表明，家庭农场达到6公顷（90亩）—15公顷（225亩）是比较经济的，能让农业机械效用得到良好发挥；前段时间公布的中国家庭农场调查数据表明，平均经营规模在200亩左右；农业部门组织的讨论大体认为，两季作50亩以上，一季作100亩以上，就可以视为规模农业。如果再将标准向下延伸，还有一种适度规模经营的状态，即超过一般家庭经营面积，但还达不到上述经营标准，但已经可以有不错的收入水平，比如种植瓜果蔬菜，一二十亩其实就够了。更重要的是，规模经营绝不是小农经济的简单扩大，而是生产方式上质的飞跃，这包括经营者的能力、资本的投入、管理方式的创新、机械化的充分运用、科技的应用等方面，否则将难以达到设想的生产效率和经营效益。

其次，把地域的差异放开来看。在中国地域广阔且区域差异较大的情况下，中国农业未来的发展模式会多样化，以家庭为单位的小规模经营形式会在大部分地区继续存在，经营规模的增长也会有限，但也不排除小农经济的加速分化，一些传统的非主流经营形式会崛起，比如东北、新疆的大农场，在农产品的商品化供应方面地位会更突出；一些发达地区在工业化、城镇化完成之后，农业的规模经营也会发展起来，而且可能是名义上的集体化；还有最适合资本介入的畜牧养殖产业，可能面临农户大量退出的境地，成为资本密集型产业的代表；还有一些地方的家庭农场会发展起来，出现数量有限的中国农场主，尽管其规模会比我们传统概念上的农场要小得多；由农民专业合作社来统一经营甚至是加工销售的局面会发展，但要形成真正的统一经营恐怕还需要时间来不断改进。

再次，把生产主体的现实处境放开来看。是否主张规模农业的一个论点在于农村劳动力现状的判断上，有的认为人口减少、劳动力老龄化，需要现代化规模农业；也有的认为，农村劳动力的隐性失业依然存在，农业还有就业空间，要保护农民的家庭农户经营。真实情况到底如何？我的看法是，明天谁来种地的话题虽然沉重，不可掉以轻心，但也不能过度悲观失望。要看到，目前农村还有人，总量还不少，2016年乡村常住人口58973万人，虽然主体是“386199部队”（即代表留守农村的妇女、儿童、老人）；也要看到，农业的真正劳动力是正在全面推进的农业机械化和日益发达的农业社会化服务组织，这一点以三夏最为明显，老人不可能承受三夏的劳动强度，而进城的年轻人在三夏回村的也在减少，是大量的农业机械完成了三夏，而开动机械的是年轻人；更要看到，在大规模的青年农民进城的同时，也在出现一批年轻人学有所成、业有所成后回村发展自己的事业，这是将来现代农业的主力军。在这样一种情况下，农户对于自己土地的经营也会出现分化，年老体弱者可能转包，年富力强者主动流入，事实上这些年农民之间的自发土地流转行为一直在进行，客观上也产生了一定的规模化效果。

那么国家对未来农业经营模式又是如何设计的？党的十八届三中全会指出：“要加快构建新型农业经营体系。坚持家庭经营在农业中的基础性地位，推进家庭经营、集体经营、合作经营、企业经营等共同发展的农业经营方式创新。”“鼓励承包经营权在公开市场上向专业大户、家庭农场、农民合作社、农业企业流转，发展多种形式规模经营。”可以说，十八届三中全会精神照顾了现实情况的千差万别，是包容的和与时俱进的，将来的小农发展，既不会像欧美的大农场模式，也不会像传统的东亚农业模式，而是呈现多姿多彩的情形，规模农业不是与家庭经营互相对立，而是互相补充，共同发展。

七万茶企抵不上一家英国立顿？

——中西茶产业之路的迥异

中西茶产业的路数是不一样的，产业基础也是不一样的，历史文化背景更是不一样的，这些共同造成了今天中国茶叶企业众多却小而散的局面，与英国立顿形成鲜明对照。

为何中国七万茶企抵不上一家英国立顿？这是关于中国茶叶的又一个命题。这个命题最初由新华社一名记者于2005年在参观英国立顿红茶研发基地后提出，到2008年的茶博会上再次发酵，引起广泛关注和反思讨论，时至今日这个话题依然不时为人提起，前一段的微博上依然有议论。《茶叶战争——茶叶与天朝的兴衰》一书，自然不可以错过这样重要的话题，也展开了讨论，甚至追溯到清末民初，说那个年代吃了洋茶苦头的中国茶商已经开始讨论这个话题了。一个话题讨论了百年却没有现状上的明显改观，着实让人尴尬！

如果仅从表面的数字对比来看，这样的话题不刺激中国茶叶界是不可能的，七万中国企业对一家国外企业，对于中国这个世界茶的故乡、第一茶叶大国来说，显然是感情上无法接受的，某种程度上也让茶叶界有一种蒙羞的感觉。但如果仔细对照中西茶产业之路，则能更客观地认识问题的关键。

首先，中西茶产业起步之初就有着天壤之别。从18世纪末到19世纪中叶，在长达半个世纪的时间里，英国殖民者从来没有停止过对中国茶叶资源的偷盗、异地试种和对茶叶技工的引诱，直至1840年代初次试种成功，并在1850年代开始大规模地商业运作。由于其发展茶产业起步就是为暴利而去的，所以采取的是完全资本化、商业化的办法，集中连片种植，企业化经营管理，而且为了标准的统一，也从起步之初就大力发展机制碎红茶这一紧俏的品种。而中国则不同，中国茶叶本来就品种繁多，地域差异较大，既有自己的消费习惯，又有出口西洋的商业生产要求，产品五花八门，早先是有什么出口什么，到后来西洋要什么再从农民手里收购什么，基本是被动的商业化，而且难以规模化、标准化。英国的立顿可能只需要少量的规模化茶叶基地就够了，而中国的茶叶企业至今依然要靠千家万户来生产，这种根本性的差异至今没有办法扭转。

其次，中西茶叶的消费习惯和文化背景是不同的。中国人以绿茶为大宗，而西洋以红茶为大宗，这既有传统的因素，又有商业的因素。中国人的绿茶习惯，不仅能最大程度地保持茶叶的营养成分，而且被赋予了过多的文化内涵，文人以茶为雅，道家、佛家又为茶叶注入宗教成分，几乎每个中国茶叶品种的背后都有着动人的历史文化故事。但西洋的红茶则不是这样的，先是商业因素的影响，绿茶难以保质，而红茶就好多了，仅此点就决定了长途海运会催生红茶为大宗。然后是红茶的可调和性，典型的就是加糖，而中国人喝茶除过少数民族以外，基本上是纯而又纯的，甚至连喝茶的环境都要求没有异味。还有便利性的因素在其中，中国人正儿八经地喝一回茶那是很麻烦的，特别是绿茶，杯盏器具甚多，讲究也多，但西洋则没有那么多的历史文化束缚和过多的讲究，方便的袋泡茶大行其道，可中国到现在还是把袋泡茶压制在低端茶的概念中。所以，当英国人以红茶为载体催生下午茶文化的时候，中国以绿茶为载体的茶文化还是停留在曲高和寡的文化范畴；特别是英国人可以端着袋泡茶方便地穿梭于茶桌之上的时候，中国人的茶道却是一副正襟危坐的场景；西洋人也许可以全民喝红茶，而中国人则断难接受一个茶叶品种喝天下的大一统局面。

再次，中西茶叶品牌的运作是不同的。由于西洋没有那么多的历史文化约束，所以可以专心地去做商业品牌，在大的商业品牌下再去运作来自不同产地的地域茶叶品牌，或者更准确地说是品牌下的一个品类。但中国不是这样的，中国人的茶品牌首先是地域品牌，如绿茶首推西湖龙井，其次是碧螺春、黄山毛峰等十大品牌；青茶则以乌龙为大系，又有闽南乌龙、闽北乌龙之分，具体的地域品种如铁观音、大红袍等更是让人眼花缭乱；红茶、黑茶的情况也差不多。如此复杂的茶叶分类与繁多的地域品牌，中国人能搞明白的也不多，更不要说外面的人。地域品牌多，也不见得是坏事，说明中国地大物博，文化底蕴深厚，但缺陷是茶叶品牌的运作往往落入地域品牌的窠臼，各个公司都在争抢地域品牌的正宗地位，却很难超越地域品牌去做真正的商业品牌，这是一个重要的观念问题，也是一个发展层次问题。所以，一些心急的地方政府，决心以行政的力量去整合分散的地域茶叶品牌，统一市场运作，这也算是一种办法，但对外可能管用，对内就不太管用，因为地域内的人还是习惯于地域品牌。

说了这么多，稍为梳理一下：首先，中西茶产业的路数是不一样的，产业基础也是不一样的，历史文化背景更是不一样的，这些共同造成了今天中国茶叶企业众多却小而散的局面，与英国立顿形成鲜明对照；其次，中西茶产业的差异既然这么大，期望中国也产生英国立顿一样的茶叶品牌至少短期内是无望的，也不必过度羡慕，但可以反思产业上存在的问题；再次，中国茶产业进一步做大，要内外有别，对外要按国际市场需求去打造商业品牌和茶叶品种，对内要重点培育市场品牌以超越狭隘的地域品牌，但可以保留地域品牌的多样性。比如现在联想集团也杀入了茶产业的竞争，原来我们可能要喝西湖旁边的龙井，但现在联想的龙井就可以用大品牌的信誉保障来自于西湖旁边，或许将来联想的铁观音、大红袍也要上市。当市场品牌真正成长起来后，中国的茶产业才能真正摆脱目前的杂乱局面。

坐地生财也不是那么容易

——土地增值的秘密

并不是所有的土地都会增值，只有会被征用的土地才能增值。没有工业化、城镇化的快速推进，也就没有建设用地的强大需求，更不会出现土地的巨大增值；而政府的“城市经营”行为，决定了城市的发展方向，也决定了哪些土地会被征用和征用后的最终用途，直接决定了这些土地的价值。

2012 年岁末，一则关于政府征地暴利的新闻再次将征地问题推上风口浪尖。报道说，政府以一亩地 6 万元的价格征收后，转手就可以通过招拍挂卖给开发商，价值 600 万元，巨大的价差导致了矛盾频发。如果在《土地管理法》修正案中将征收补偿提高 10 倍，农民一亩地就能拿到 60 万的征收补偿。政府征地真的是一本万利吗？真相绝非如此，全国土地出让金收入一年不到 3 万亿元，一年全国新增建设用地 600 万亩左右，则平均一亩的土地出让金收入为 50 万元，如果去除征地成本，真正的收入有多少，何来 600 万元？到 2013 年底公布的《2013 年中国 300 城市土地市场交易情报》全国 300 个城市土地出让金 3.1 万亿元，全宅类土地成交均价 1628 元 / 平方米，而全国 12 月百城房价均价为 10800 元 / 平方米，地价是房价的 15.1%，则土地成本拉高房价说法不靠谱；折每亩 188 万元，则专家称政府征地每亩 6 万元卖 600 万元倒也不实！如果用大平均数，则全国土地出让均价为 1174 元 / 平方米，折每亩 78 万元。若再进一步仔细分析，事情更不是征用买卖那么简单。

（一）土地征用为什么会增值

按照政治经济学的理论，土地本身没有价值，只因为有用而产生地租，小用有小价，大用有大价。地价实质是地租的反映，一般的土地买卖无非是地租基础上的价格计算。土地的增值来自于三大方面：

一是特殊地理区位造成的增值。地是不动产，因而不同地方地价差异很大，距离城市、交通线越近，越值钱，反之则不值钱，至于那些边远山区，地或许根本就卖不出去。城中村的底气就是来源于其优越的地理区位。

二是国家管制造成的资源稀缺增值。由于国家实行严格的土地管理政策，造成土地供应的偏紧，一些城市可能还会特别紧张，于是地价飞涨。在国家实行城乡建设用地指标挂钩后，甚至偏远乡村的建设用地指标也值钱起来。为了土地指标，城市不惜在占补平衡和城乡建设用地指标交换上绞尽脑汁。

三是工业化、城镇化背景下的政府“城市经营”行为。这是最根本的原因，没有工业化、城镇化的快速推进，也就没有建设用地的强大需求，更不会出现土地的巨大增值；而政府的“城市经营”行为，决定了城市的发展方向，也决定了哪些土地会被征用和征用后的最终用途，直接决定了这些土地的价值。

因而，在土地增值的问题上，农民某种程度上只是坐享其成，因而土地增值的收益也应该大部分归于政府，用于全国人民福利事业的改善，这也是贺雪峰先生关于地利共享的基本逻辑，也是论述地权问题的基本理论出发点。

（二）哪些土地在征用中增值

并不是所有的土地都会增值，只有会被征用的土地才能增值。所以，今天的农民有相当一部分在坐等被征地，祖祖辈辈守候土地的农民在急功近利的年代也迫不及待了，这简直是一种悲哀。但征用的土地价值也不相同，增值的只是少部分。

首先，公益用地不会增值。城市的扩张必须伴随公共设施的扩张，政府必须建公园，搞绿地，修文化广场，建学校医院养老院等，这是公共服务的基础。被用作此途的征用土地，政府不仅一分钱挣不了，还要贴大头，花大量的钱进行后续的建设。类似的还有交通设施征地，基本是公益性的，也不会增值。

其次，工业用地难以增值。目前的工业用地价格也就是十几万元，而征地的成本在十万元左右，还要做到“九通一平”，为了招商引资，政府基本上在赔本赚吆喝，唯一的指望就是税收优惠期结束后的税收和带动就业及拉动配套产业。工业用地成本的低廉加上廉价农民工共同支撑了中国制造的迅速崛起。各地招商引资造成的竞相低地价催生了一批在各地流动的“投机企业”，专钻各地招商引资政策的空子。

最后，土地增值集中于商业用途。由于前两种大量用途的建设用地并没有实现应有的增值，最终造成商业用地的综合成本高企，因为其成本包含了工业用地和公益用地的未增值成本在内，而且一般位置好，配套设施完善，能吸引投资，增值空间大，从而水涨船高，但与工业用地、公益用地相比，面积并不大。这就是目前老被拿来说事的政府赚大钱的所谓土地征用。如果真的所有建设用地都能达到如此程度的增值，中国真的就是遍地生金了。

由此可见，能靠卖地致富的农民是极少数的，地域范围也是极小的，能实现增值的农地其实只局限在很小范围内。也就是贺雪峰先生反复提及的，主要集中在大约 5% 的城市郊区农民，与全国 95% 的农区农民并无关系。同时，土地增值在不同城市之间也不是均匀分布，那些特大、区域中心大城市与中小城市形成明显的“马太效应”，在特大、区域中心大城市土地财政暴涨的同时，中小城市并没有因土地而增加多少财政，这既有城市规模较小、总体开发不足的问题，更有区位优势不够、在与大城市竞争中处于劣势的根本原因，甚至中小城市还因为发展需要的刚性征地而形成了土地财政包袱，因为征地的成本并不比大城市低多少，但征地后的市场收益却比大城市少很多。这也在客观上反映了中国的城镇化进程在某种程度上依然是城市化，县城以下的城镇发展还是太慢，这是一种无奈的现实，更需要国家政策的深度调整与配套措施的跟进。

（三）农村建设用地的价值从哪里来的

目前流行一种观点，似乎农民的建设用地直接入市，农民就可以省掉中间环节，换来巨大的收益，这只能是一种基于表象的简单判断。事实上，当前农村建设用地的价值依然是城市征地带来的，而不是其自身产生的。

农村建设用地的存在已经不是一天两天，但其价值的突出体现却是近年的事情，何以如此？与一项政策制度的推出有关，即城乡建设用地指标挂钩。在此制度下，地方在城市建设用地不足的情况下必然将目光投向农村。但土地是不可移动的，城市和工厂不可能随意就搬到农村去，其操作办法就是土地指标的置换。城市用相对于农村来说较为可观的价格买下农村建设用地，然后复垦成农地或集中建设压缩用地面积，再用这些指标在城市换取同样面积的城市建设用地指标。如果仅以农村建设用地使用的最终结局看，农村建设用地的购买是赔本的，但若放在城市的角度看，则以较小的成本换来了城市急需的价值不菲的城市建设用地指标，表现上也实现了城市反哺农村，农村也愿意，城市也高兴。但是如果因此就天真地设计着天下的农民都可以将土地资源变成土地资产再变成土地资本，从而让土地资源全盘活起来，让农民一夜富起来，绝对是表面严肃而实质荒唐可笑的。

如果还有人不相信农村建设用地增值的秘密，还可以进一步反面论证。一是银行业对待农村建设用地的态度即可见一斑，如果不是置之不理，至少也是极不感兴趣，因为根本没有理想的价值。二是国外农民合作银行的探索，核心就是要解决农村建设用地无法商业化的问题，因为农村建设用地在农村内部的流转相对城市而言并无价值。三是农村内部转让的建设用地权价格十分低廉，典型的就是宅基地的转让，基本是象征性地收取一部分转让的费用。

至于一部分专家想象的，让农村建设用地在农村增值的工业化道路也是难以施行的，因为中国已经全面进入工业品过剩时代，乡镇企业已经缺乏 20 世纪 80 年代异军突起的前提条件，注定无法出现新一轮的乡村工业化浪潮。

但这一政策的执行也存在异化，表现在两个方面：一方面，把农村建设用地（主要是宅基地）复垦成农地，并不是高标准的良田，存在滥竽充数的问题；另一方面，为了更多的建设用地指标，一些地方不惜逼农民上楼，以节约出更多的建设用地指标置换到城市中去。对于后一类现象，一般的批评只针对其违背了农民的意愿，而没有注意到其背后有铁一般的经济规律，那就是为了换取城市建设用地指标这一根本目的在起作用。

所以，在工业化、城镇化较快推进，农村人口加速流出的情况下，想让农村建设用地入市实现农民的土地增值是非常困难的，缺乏应有的经济规律支撑。

小农业也可以现代化

——大农业中的小智慧

中国的农业正在小农的基础上积极转型，呈现劳动与资本双密集的趋势，小农经济迎来新的生机。将来的小农发展，既不会像欧美的大农场模式，也不会像传统的东亚农业模式，而是呈现多姿多彩的情形。

中国现代化，农业是基础，也是短板。在人多地少资源缺的现状下，如何实现农业现代化，需要大农业思维，也需要小农业智慧。

（一）大农业的憧憬

提起农业现代化，一些专家总要描述一番欧美农场的美好景象。然而，这只是看上去很美的天真构想，中国既没有能建立大型农场的土地条件，又受制于农业供养人口过多、资源瓶颈约束加大的现实困扰，怎么可能?

一是地，太少了。有专家说，在中国这块并不富饶的土地上，最多可以养活 4 亿人，但实际是近 14 亿人。一般的美国农场在 3000 亩以上，欧洲农场在 300 亩以上，即使同样人多地少的日本农户经营规模平均也在 30 亩以上。而中国即使城镇化率达到 70%，将来依然有近 4 亿—5 亿人口滞留在农业和农村中，平均家庭经营规模不过 20 多亩，这还不够规模经营的下限。

二是人，养不起。在 2012 年的农民收入构成中，农业（含种植业、林业、畜牧业、渔业）的收入为2722元，只占农民当年纯收入总额7917元的34.4%，其中种植业收入2107元，更只占26.6%。而2013年农民工资性收入达到4025元，首次超过以农业为主的农民家庭经营收入，成为农民收入的第一大来源，农业的收入比重进一步下滑，一些地区农业收入呈现边缘化状态。此情此景，让人不禁回想起当年杜润生老先生的疾呼：八亿农民搞饭吃的局面不改变，中国农业没有前途。

三是物，难持续。我国已经是世界上化肥、农药使用量最大的国家。据国家环保部的一项统计，我国化肥和农药年施用量分别达4700万吨和130多万吨，而利用率仅为30%左右，流失的化肥和农药造成了地表水富营养化和地下水污染。农村的污染排放已经占到了全国的“半壁江山”，其中COD占到了43%，总氮占到了57%，总磷占到了67%。总之，继续走西方曾经走过的高投入、高耗能、高污染模式，农业是难以持续的，更会对整个生态文明建设形成压力。

但大农场搞不了，大农业依然可以搞，就是拉通一、二、三产业，连接产前、产中、产后环节，让农业的发展质量与综合效益提升上来。实际上农产品加工业这些年蓬勃发展，已经成为县域经济的一大亮点，也成为一般县域经济的基本路径。有研究表明，除过那些有矿产或重要风景区的县，一般的西部县域经济发展，普遍要走以农业产业化带动农产品加工业，进一步带动县域工业化，再推动城镇化的必由之路。而培养了双汇、思念、三全、好想你等农产品加工大企业的河南，已经尝到了这条路径的甜头。

但不管怎么说，中国的农业必须正视小农的基础与现状，在小农的新生中实现农业现代化。

（二）小农的新生

中国的农业正在小农的基础上积极转型，呈现劳动与资本双密集的趋势，小农经济迎来新的生机。

一是三大历史机遇，推动了中国农业实现隐性革命。学者黄宗智的研究发现，今天中国农业正面临一个历史性的发展契机，即三大趋势的交汇：1980 年代以来人口生育率的显著下降和其所导致的 1990 年代以后新增劳动力的递减；快速的每年约 1% 的城镇化以及大规模的非农就业；人们食品消费和全国农业结构的转型，从低价值的粮食转向更多的高值农产品，既是进一步资本密集化也是进一步劳动密集化的、能够吸收更多劳动力的农业。结果是农业劳均产值持续上升，在近 30 年中达到年平均 5% 多的增长率，总共上升了不止五倍，远远超过一般意义上的"农业革命"。这一研究成果表明，中国农业内部确实还有发展空间和潜力，而且形势比人强。

二是多功能开发，拓宽了小农业的深度与广度。随着国民收入的不断增长，休闲时代如约来临，长期被吃饭目标掩盖的农业功能得到深度开掘，农业之于政治、经济、社会、文化的多种重要意义得到充分认识。就目前的研究看，农业至少有食物保障、原料供给、就业增收、生态保护、观光休闲、文化传承六大功能，每一项功能的深度开发都有较大空间。特别是近年基于农业多功能性兴起的生态体验、观光旅游、文化教育、休闲度假等产业，成为农村经济的新亮点，方兴未艾。每到周末，城里的人们纷纷走出城市森林，涌向城市周边的农村和山林，缓释一下压抑的都市生活。

三是书斋农业机械化理论破产，让小农的机械化不再是难题。机械化是现代农业的基本标志之一。新中国成立后的农业合作化运动，一个重要的原因是为了适应照搬苏联而来的大机械大农庄模式，此后因为农民抑制、中苏关系紧张等种种原因并没有实现。农村实行家庭联产承包后，一些专家曾坐在自己的书斋里忧心忡忡地说，小农经济无法机械化，中国可能长时间停留在传统农业中。然而，事实的发展出人意料，耕、种、收环节的机械化在中国竟然悄然间普及了，大量的农业机械化协会和合作社出现，跨区协作范围越来越大，往日龙口夺食的三夏也变得静悄悄起来。三夏的变迁也让农村劳动力外出务工的季节性特征被改变了，那些出去的打工人员再也不用农忙时临时回家帮忙，而因为这个临时回家，他们可能失去工资并不高的那份工作，中国的城镇化进程竟因此而得到加快推进。

四是区域化模式差异，让小农业的前景更为多样。在中国地域广阔且区域差异较大的情况下，中国农业未来的发展模式会多样化，以家庭为单位的小规模经营形式会在大部分地区继续存在，经营规模的增长也会有限，但也不排除小农经济的加速分化，一些传统的非主流经营形式会崛起，比如东北、新疆的大农场，在农产品的商品化供应方面地位会更突出；一些发达地区在工业化、城镇化完成之后，农业的规模经营也会发展起来，而且可能是名义上的集体化；还有最适合资本介入的畜牧养殖产业，可能面临农户大量退出的境地，成为资本密集型产业的代表；还有一些地方的家庭农场会发展起来，出现数量有限的中国农场主，尽管其规模会比我们传统概念上的农场要小得多；由农民专业合作社来统一经营甚至是加工销售的局面会发展，但要形成真正的统一经营恐怕还需要时间来不断改进。

五是党的十八届三中全会为小农的出路指明了方向。全会《决定》指出：“要加快构建新型农业经营体系。坚持家庭经营在农业中的基础性地位，推进家庭经营、集体经营、合作经营、企业经营等共同发展的农业经营方式创新。”“鼓励承包经营权在公开市场上向专业大户、家庭农场、农民合作社、农业企业流转，发展多种形式规模经营。”可以说，将来的小农发展，既不会像欧美的大农场模式，也不会像传统的东亚农业模式，而是呈现多姿多彩的情形。

（三）小农的智慧

当前的农业现代化进程，既有产业链加速整合、资本下乡加快前行的大举动，也有着新农人崛起、小农改造深化的新实践，共同推动着农业的转型与发展，小农的智慧更引人注目。

一是休闲农业不断转型升级。简单地打打牌、钓钓鱼、吃吃饭，或者简单地做个现实版的 QQ 农场，体验一下种菜的乐趣，这些初级的休闲农业模式日渐受到挑战，休闲农业日益呈现综合化、生态化、特色化等特征，把观光旅游、生态体验、文化教育等内容融于一体，把生产、加工、销售充分衔接，吃喝玩乐功能相对齐全。文化内涵上可能土得掉渣，但基础设施却洋得现代，管理模式向先进企业管理看齐，一批新型休闲农业园区、休闲庄园等加速形成。

二是家庭农场起步与新农人群体涌现。2013 年“家庭农场”这一专有名词首次写入中央一号文件，虽然其并不是在 2013 年首次由中央提出，但还是因为一号文件而引起了轰动性效应，2013 年也被称为“家庭农场元年”。此后，各地纷纷出台家庭农场促进政策和相关注册管理办法，一批依靠自有土地或者流转土地从事适度规模经营的农户有了新定义。与此同时，一个叫“新农人”的群体日益壮大。新农人概念难以准确定义，内部构成也相当复杂，但大体包括四个类别：一是自给自足型，以追求食品安全为目的，一般固定在一个小的熟人圈子中；二是回归田园型，逃离城市森林，享受田园牧歌，不讲求经济效益；三是改造农业型，带着理想追求，力图改变乡村面貌；四是谋求发展型，看重农业是朝阳产业，希望获得良好回报。就目前的情况看，新农人一时半会不会担负起农产品供应的主力军，但队伍在不断扩大，将给“三农”带来新改变。

三是农村电子商务实现突破。随着物流技术的日益发达和互联网技术的成熟，网络零售市场全面爆发，电商发展如火如荼，农村正成为新兴领域，一批大学生返乡从事农村电商，一批淘宝村成为发展传奇，一批县域电商加速布局和模式探索，数不尽的农村土特产品正通过网络走向全国各地。传统的干制农产品如红枣、核桃、茶叶等，早已在网购中稀松平常，极难破局的生鲜电商也在执着前行，诸如生鲜品质如何保障、物流成本如何降低、最后一公里如何打通、运营管理如何走出亏损困局等问题正在出现新的模式化突破，巨大的市场空间值得期待。

四是合作社在努力前行。与电商热、新农人崛起、家庭农场风行相比，农民专业合作社的身影显得有些落寞，自 2007 年国家正式施行《农民专业合作社法》以来，全国合作社注册突破百万大关，但给大家的整体印象是，真合作不多，实力不强，作用不明显，甚至出现一批为了争取国家项目而设立的假合作社。但客观而言，让本来弱小的农民，在“386199”部队的基础上联合，其合作过程必然要艰难得多，缺人才、缺资金、缺管理，需要时间和耐心；更何况，我们的合作社在制度缺失最重要的金融部分，发展乏力，但也应看到，一些农村精英的回归，一些大学生与务工青年的返乡，正带来新的气象，合作经营作为农村现代经营的基本方向将会在今后表现得越来越明显。

有专家言，实现中国“三农”问题的根本性改观，需要 30 年时间，当大量的农村人口已经进城、当大量的传统农民开始退出农业劳动领域、当一批新农人担当起农业发展的重任，中国的大农业一定会跃然眼前。

中篇

农业投资的实践课
——隔行如隔山

隔行如隔山，一般用来形容行业差异之大。很多人习惯将工业与农业相比，其实农业内部相当复杂，大农业分种植业、畜牧业、林业、渔业等，种植业又分粮油、经济、特种等若干类；畜牧业虽然都是养在圈舍的，但从生物学角度看分属于不同动物门类，家禽与生猪差异大，就是肉牛与奶牛也差异不小，如若不懂得一点行业规律，贸然介入，过程与结局可想而知。

钱去哪儿了

——农业企业的资金之困

为什么那么多的农业企业在遭受着严重的资金瓶颈？概括起来主要有四种情况：投资概算搞错了，照搬工业的“重资产轻流动”模式；投资周期估短了，自然风险等让回报延迟；融资难度想轻了，不能抵押、担保；政策预期落空了，项目资金不到位。

倒在黎明前，这是好多农业投资最为悲怆的一幕。被联想收购的青岛蓝莓和四川猕猴桃基地，其原经营企业某种程度也是在遭受“黎明前的黑暗”式的痛苦，能遇上联想虽算不上“靓女嫁豪门”，但至少避免了在因资金链不济而导致的悲剧结局。为什么有那么多的农业企业都在遭受着严重的资金瓶颈？大体有以下几种情况：

第一种情况，把投资概算搞错了。照搬工业上的“重资产轻流动”模式，以为把初始投资重点用在征地、建场和买设备上就行，少量流动资金就能运转，结果情况远非如此。如果说，工业上固定投资与流动资金的比例 8：2 就可以，则农业需要倒过来，需要 2：8。可惜的是，从二、三产业来到第一产业的投资者，往往想不到农业企业对流动资金的巨大需求。很简单的一点，农业的季节性和周期性很强，原料占款和储藏成本也很高，流动资金的周转速度明显慢于工业，仅此就必然形成流动资金的大量占用。像生猪已经是现代农业产业中周期比较短的了，但依然需要 6 个月的周转时间。而且必须注意，这个周期内，猪没有长成，断然不能送屠宰场的，也就是这个周期内没有回款，只有一味追加流动资金，硬扛着。而工业产品至少还能边生产边卖，或者低价处理一部分产品救急，农业没有办法。更要命的是，农业是活的生命的生产，工业最差的情况下可以因为流动短缺，把生产线暂停，而农业连这个最差的情况也不行，根本停不了，猪一天喂四次断然是不能少的，蔬菜关键时期的水肥断然是不能缺的，产奶的牛每天几十斤草料几十斤水必须继续供应，动植物均按自己的生物规律生长，停不下来。

第二种情况，把投资周期估短了。虽然理论上投资回收期是明确的，但现实中各种因素的影响，往往导致严重偏离投资预期的情况，收益期迟迟等不到。比如说，计划冬季完成农民土地的流转，春季便开始基础建设或播种，但如果有几户农民手中的地流转不顺，导致春季还完成不了土地的整体流转，则后面的整个计划无从谈起。或者拖延到夏季完成土地流转，虽然能做基础设施建设，但播种季节错过了，只能等下一年。生产经营过程中还随时可能遭遇严重的自然风险，导致毁苗毁场，重的只有从头再来，不仅损失惨重，而且周期严重拉长。像严重的冬季寒冷，可能导致秋季新栽的树苗冻死，只能春季补栽，但效果不好；严重的倒春寒可导致果树花及幼果冻死，会造成当年的严重减产甚至绝收。比如，2012 年全国有 37443 万亩农作物受灾，占农作物播种总面积 245123.5 万亩的 15.3%，其中，成灾 17212.35 万亩，占比为 7.0%，绝收达到 2739.45 万亩，占比为 1.1%。农业的自然风险不仅几率高，而且在实际上已经常态化了。

第三种情况，把融资难度想轻了。工业的用地是国有土地，一旦取得使用权，就可以抵押贷款；还有工业的厂房、产品、机器等都可以抵押，缓解流动资金的困局总算还是有多种通路的。但农业就不同了，首先农地是集体所有，企业如果流转农民的土地，只能取得农村集体土地的经营权，是不能抵押贷款的；其次，农业企业所经营的牲畜、树木、农作物等，也是不能抵押贷款的，正应了农村人的一句话，“家产万贯，带毛的一律不算”；再次，农业企业的家底既然如此，则找担保也是相当的困难。当然，党的十八届三中全会已经决定，农地的承包经营权可以抵押了，但还需要一个修改相关法律的过程，正式实施尚需时日。因而，农业企业的融资是非常困难的，基本上只有农村信用合作社能贷，但利息较高；还有政策性的农业发展银行，条件很严，针对范围较小。农业经营过程中，一旦遇到生产的关键时期资金短缺，比如生猪饲料短缺，果树关键时节追肥施药，一些农业企业便只有靠高利贷来救急了，这属于饮鸩止渴的做法，仅沉重的利息就将把企业压垮，却毫无办法，怎么能长久？我遇到的一些农业企业经营者，讲起来生产关键时节的资金短缺，那真是卖儿鬻女的心思都有了，让人深表同情。

第四种情况，政策预期落空了。过去讲农业，一靠政策，二靠投入，三靠科技。现在这个提法依然不过时。由于农业的弱质性，国家的扶持对做农业的而言，重要性不言而喻。只要观察一下就能发现，一些上市的农业企业，主要靠政策性补贴来维持正利润水平以防止退市。但问题是，一般的市县缺少大量补贴农业的财力，主要靠争取中省两级的项目，这个中间的变数相当大，虽然可能有上面的领导做了指示，当地行政主管打了包票，但结果依然不可靠。更不要说，国家的政策会随着市场的变化而调整，以农业这样的长周期去追赶国家政策的变化调整显然是不可能的。比如，自 2012 年以来由于生猪产业的过剩，国家基本停止了自 2008 年以来实施的生猪产业相关政策性扶持项目，在这期间投资生猪产业的企业显然是不可能得到补贴和项目的，加上市场行情又不好，只能遭遇雪上加霜式的困境。还有一种情况，就是地方以招商引资名义邀请企业入驻，但很可能落地之后优惠政策无法到位，还有可能因县上主管领导变更而导致的政策变化让早先的政府承诺化为云烟。虽然不能说靠项目为生，但一旦遇上政策预期的落空，对农业企业的生产经营的影响是相当大的。

利润去哪儿了

——农业企业的市场之困

多数的经济作物种植和畜牧养殖测算出来的利润率并不低，但一做起来就不是那么回事了，好多投资农业的亏得一塌糊涂，还搞不明白怎么“死”的。不要太信毛利率，对市场调控要有准备，损耗要充分估计，人工是个大成本……

除过大宗的粮油农产品外，多数的经济作物种植和畜牧养殖测算出来的利润率并不低，这也是农业吸引众多资本竞相投入的重要原因。比如说，大棚菜年毛利率可达40%以上，特色水果毛利率可能超过100%，但一做起来就不是那么回事了，好多投资农业的亏得一塌糊涂，还搞不明白怎么“死”的。农业的利润跑哪里去了？这是一个值得反思的问题。

第一，毛利率会骗人。纸面上算出来的利润对于二、三产业可能是可靠的，但对于农业就不一定行。比如，超市的一般毛利率得保持在20%—25%之间，这样才能保证净利润在3%—5%左右。那么农业需要多少的毛利率才能保证挣钱？这是一个在实践中不好回答的问题，因为这种测算也只能是起一点参考作用，根本不适用，农业的市场波动大而且不好预测，某种程度上不亚于撞大运，“蒜你狠”“姜你军”就是这样。以养猪为例，行内的基本都知道“一年挣、一年平、一年亏”这个三年一轮的猪周期，而且第一年必须把后两年的钱挣回来。但生猪产业投资时的利润是怎样测算的？是按每头生猪挣100元测算的，在实践中哪有吻合的时候。到现在更要命，因为从2012年年底开始，“猪周期”也无情地被打破了，2013 年下半年重资杀入抢谷底的全部套牢，2014 年春节更是出现了前所未有的逆市下跌，将节日必涨的规律也打破了，在这种情况下，算好的利润基本上是一种讽刺。

第二，农产品不是完全市场定价。农产品特别是粮食、生猪等主要农产品，因为牵涉到民以食为天这个治国理政的根本稳定问题，所以每个国家都不会完全市场化，而是强力进行宏观调控，确保供给的数量有保障，而且价格比较平稳。有经济学家开玩笑说，一头猪就绑架了 CPI，现实情况也差不多。由于中国居民膳食以猪肉为主要肉食品种，且近年价格波动十分剧烈，对整个物价指数的影响确实不小。所以，只要猪价一露头就得打压，又是生产领域补贴，又是投放储备肉，又是进口补充，非得把价格拉下来不可。而生产一旦下来了，取消补贴，开始冻猪肉收储，但扩大出口却难。收储冻猪肉来托市可以理解，但取消补贴则让生产者雪上加霜。所以，农产品的利润不可避免地要受到国家宏观调控的影响，这是一个不可忽视的重要因素。

第三，人工是个大成本。农民能做的事，企业不一定能做，因为农民不向自己讨要工资，挣多挣少都是自己的。好多产业的利润率在去除人工费以前，看上去很美。典型的就是肉牛产业，市场牛肉价格那么高还十分紧俏，想起来肯定利润不错，但却少有企业问津，根本的原因还是不挣钱。因为养牛周期太长，一般得两年以上，企业养殖成本太高，只有山区的农民可以养，场地不用建，草料主要靠山上的草来解决，人力成本也很低，最终利润还不错。如果企业养，则场地、草料、人工、资金等成本高企，就当时的市场行情来说，也难挣钱。再看市场上那些节节攀升的农产品价格，基本有一条规律，凡是能够工业化的、机械化的，就涨得慢甚至比较便宜；凡是无法工业化、机械化的，肯定比较贵，而且一年贵似一年。过去嘲笑发达国家水比奶贵，菜比肉贵，如今在中国也差不多了。2014 年的肉价便宜得连消费者都有些受不了，但菜价总体依然在涨，如今菜市场哪里还有几毛钱的菜？再像花椒，大家抱怨花椒20多元一斤太贵，其实一斤花椒里仅采摘环节的人工费就在二三元，更不算平时的田间管理、生产投入等费用，平均下来一亩也就挣个千把元，价格看似不错，农民放弃的还是不少。现在不断上涨的苹果价格也与人工费有关，现在疏花、疏果、套袋、除袋、采摘等环节，人工费一天就上百元；还有平常的施肥、喷药，哪一样不是靠人工，如今在果区，开着私家车送农工上果园绝非什么稀奇事，没有这样的条件，连农工都招不来。像蔬菜、水果这类劳动密集型产业，不算好了人工费，利润肯定大打折扣。

第四，要看到底烂了多少？农产品区别于工业产品的最大特征是鲜活性，保鲜储藏不仅技术上困难，而且成本上居高不下，最后的储藏环节损失不是一个小数字。即使粮食这样的耐藏型农产品，储藏环节的损失也在8%—10%，更不要说生鲜农产品了。一般的蔬菜从田间地头到长途贩运再到菜市场再到消费者手里，到底要损耗多少？比如，大家常见的大白菜，从地头到消费者手里这个过程中究竟要被扒掉多少层皮？还有失水，蔬菜、水果的含水量一般在90%以上，运输过程中失水是常事，不仅重量下降，而且品相变坏。上面说的还是正常损耗，一般就在30%左右。现在就可以明白为什么初期的生鲜电商都倒掉了？因为他们天真地与菜市场较上了劲，以为淘宝模式能照搬到农产品上来，其不知菜市场这种批发零售模式恰恰是农产品销售环节效率最高、成本最低的。再傻的卖菜者也知道，千万不能让当天的新鲜蔬菜过夜，而网售的生鲜农产品竟然要几天时间才能到消费者手里，这样能有好结果吗？至于最惨的情形就是卖不出去了，对于工业品而言，市场不好，大不了减价处理，可农产品一旦过剩起来，只能眼睁睁地看着烂在库里、烂在地里，因为远距离运输，运费比菜贵。而且时节一过，马上要种下一茬作物，只能机械翻耕入土，做了绿肥，一季心血全白费了，还搭进去肥料、农药、人工、机械等费用。碰上这种情况，还谈什么利润？

第五，能挣得起，赔不起。农业挣钱不容易，但赔起来却容易得多。算好的利润根本经不起风险的冲击。农业的风险真的不好控，全国每年遭受自然灾害的农作物面积大约占 1/6，主要的包括旱灾、洪涝、冰雹、霜冻、病虫害等，防不胜防，算好的利润一次自然灾害可能就没有了。比如，春季一场倒春寒可能导致核桃、苹果、花椒等经济树木花芽冻死，直接影响当年的产量，严重的可导致绝收。再比如，一次冰雹，可以让本来能卖三块钱一斤的苹果一夜间伤痕累累，最后只能以几毛钱的价格处理给果汁厂。2014 年春节前后的禽流感（注意，后来纠正不是禽流感，是其他流感）传闻导致全国家禽业受到重创，价格下跌，销售不畅，广大家禽养殖场户损失惨重，但这个损失谁来赔？目前农业保险的覆盖度还很有限，大多数遭灾的情况下是没有保险来赔付的，这个风险只能自己扛。风险面前哪有利润可言。

第六，和利息在 PK。农业的融资成本是很高的，如果能像联想那样钱多，也就会安下心来，做好十年不挣钱的准备，放长线钓大鱼，但大多数投资农业的经营主体没有这个实力，只能在资金的问题上苦苦挣扎。在农地无法抵押、担保困难等情况下，关键农时季节也就只有靠民间融资了，光高昂的利息成本就能吞噬掉大量的利润，一旦市场行情没有达到预期，便只有上演《多收了三五斗》的现代版故事。而投资周期又那么长，于是倒在黎明前便成为农业投资一个重要的现象。

同时，还有一些说不清的没名堂的东西。这个东西也可以算作一般投资上所说的“不可预见”费用，做农业与相关方面特别是农村的方方面面打交道多，交点费，拉点赞助，类似的没有名堂的东西不仅常见，而且开销不少，也是硬性的成本支出，但好多估计不足，也影响了利润。

人才去哪儿了

——农业企业的发展之困

千军易得，一将难求，农业企业不仅找不见人才，更留不住人才。原因有五：观念影响，农业人才本来就少；条件较差，学农而愿意搞农业的更少；管理落后，人才上升通道狭窄；通才难寻，人才与企业需求不匹配；用人观有问题。

一个养殖场的老板向我倾诉他的纠结：负责场里技术的大学生已经月薪六千了，但他还要求涨薪，要涨到八千，不涨要走人，涨了目前市场行情不好增加支出负担，可能还要引起到其他员工的涨薪连锁反应。我问他，大学生技术如何，是否找到了其他替代的人？他说技术很好，替代的人暂时没有。我于是答道，找不见替代的人是正常的，各个养殖场都找不来专业的人才，你有大学生来已经很幸运了，痛快地涨薪吧，至于其他做辅助性工作的员工，工资怎么能与技术活比？可以随行就市。

其实，在我接触的许多农业企业老板中，基本都面临这样的现实困难，找不见人才；好不容易找见一个，还留不住。最近看了一篇材料，说中小企业最大的问题是人才缺和融资难，放到农业企业身上，尤其如此。正所谓千军易得，一将难求，没有好的人才，企业的管理上不去，技术跟不上，效益肯定也会受影响，是企业发展的根本大计。但为什么农业企业的人才会这么难找？

第一，农业人才本来就少。受传统的思想观念影响，一说农业专业，大家首先想到的是在农村工作，由于目前城乡条件的巨大差距，谁愿意到农村去？而那些好不容易从农村考出来的学生也不会轻易放弃跳出农门的机会，再学一些回农村的专业。还有，君不见传统的农业大学不少都顺应市场经济的潮流，有的搞了人文学院，有的甚至开办了商学院，纷纷向综合性大学转型，在这种情况下，学农的大学生肯定不会多。我了解的情况，农业院校畜牧专业是最抢手的专业之一，连招聘会都不用办，毕业生就被抢聘一空。但即便如此，依然专业招生困难，徒奈其何？你可以批评思想观念不解放，社会价值观有问题，可是能轻易改变么？

第二，学农而愿意从事农业的更少。我学的就是农业专业，当时就有人喊，学了农林水，等于投错胎，毕业后的结局肯定是要转行，主要的原因还是农业行业的生产生活条件差。大型养殖企业肯定是建在远离城乡和村庄的孤山野岭，不仅人烟稀少，而且生活很不便利，晚上没有城市的花前月下，也不会有酒吧 KTV，可能也没有 Wifi，甚至就是《春天里》“没有 24 小时热水的家”。大型养殖场的防疫也是非常严格的，就是出场会个女朋友，还得提前倒班，再回来时还得消毒隔离，弄不好连婚恋也影响了。在这种情况下，年轻人如何呆得住？有老板这样问我的，你是做青年工作的，请问现在的年轻人怎么了？月薪一千五招聘打字员，来了一堆研究生；三千五招聘生产经理一个也不来。我笑答，这恰恰是经济学上的“理性人”选择。更不要说农业企业普遍盈利困难，开出的薪水标准本身并不高，与城市的企业相比处于劣势。

第三，人才上升通道狭窄。就算是开了高工资，感情上给温暖，也难以长久留住人才。由于农业企业普遍较小，也普遍不具备现代企业体制机制，企业的老板也普遍缺乏现代企业管理理念，管理方法传统而简单，人才在农业企业干得再好，还是一个打工的，可能在管理方式方法上也难以接受，更不说去城还乡、生活不便等现实因素的影响。我接触的农业企业中，好多企业管理层是家族制，这是很难给外人融入机会的，而且在产权上没有社会化，而且也没有个人化，只能表述为这是我们家的，父子、夫妻、兄弟如何分配没有明确，形成了内部纷争的隐患，这些年民企的分家潮，已经上演了多起父子成仇、夫妻反目。作为一个企业的外部聘用人员，很难有大的发展空间，一旦企业内部起了纷争，更可能“城门失火，殃及池鱼”。选择离开，也就不足为怪了。

第四，人才供给与企业发展很难匹配。农业企业需要的人才大体有两类，一类是管技术的，怎样标准化生产，怎样减少疫病风险，怎样提高品质，等等，非常的专业，非专业人士不能担任；一类是搞经营管理的，怎么去管员工，怎么去开拓市场，怎么去跑资金项目，等等。但可惜的是，这两类人才在企业都是各管一边，整合较难，必须有一个两者都懂（不一定要专）的通才掌舵，前面的分类专业人才已经很难找了，后面这个通才就更难找了。柳传志在选陈绍鹏掌舵联想农业时说，“凭什么选一个做 PC 的人做农业呢，后来我们研究过，你说是选养殖业，还是种水稻、种水果的专家做农业合适呢？都不合适，因为这里面除了种植以外，还有运输、管理、销售诸多领域，实际上是需要一个真正懂得企业运作的人来打头才合适。”联想这样的大集团自然人才济济，有的挑，可是一般的农业企业呢？

第五，与老板的用人观息息相关。我观察了一下农业企业的用人观，大体有以下几种：一是任人唯亲型，唯恐企业实权落入他人之手，不仅不放实权，而且盯得很紧，要求又很多，人才呆着不舒服，肯定是早早跳槽了事。二是另有所图型，把那些退下来的领导或者中层干部聘请来，虽然也有管理经验，但主要想利用人家的人脉，争资金跑项目，至于企业管理与技术，倒在其次了。三是摆放花瓶型，企业不大，请的人来头不小，什么海归，什么工商管理高材生，什么基金投行经理，与农业这个行道十万八千里之远，往往好高骛远，水土不服，白花冤枉钱，甚至“请来女婿气死儿”，把真正顶用的实用人才逼走了。四是白衣秀士型，企业做得不大，派头却不小，来了一个人才，表面尊重，实质忌惮，唯恐显得自己没有了本事，就像最初上梁山的白衣秀士王伦，容不下人。而如今这个年代谁愿意当林冲？还是早早走人另投山头得了，等等。在这些用人观下，就是有人才也难真正请得来。

总之，人才始终是农业企业的心病，有大环境的问题，也有企业个体的问题，我的建议是从自身改进做起，创造人才愿意来的机制，比如股份激励、绩效奖评、温情关怀等，努力消解农业企业在人才竞争方面的劣势。

标准去哪儿了

——农业企业的质量之困

农产品质量管理有特殊性，不可能像工业产品那样标准化，农户分散小生产让标准化更加困难，频发的自然风险让农产品质量控制也非常难，不完全规范的市场秩序让质量问题扑朔迷离。改进办法，还得从标准、管理、监控、技术等几个方面下手。

有一年发生了一件“订单农业”违约事件并引发了社会矛盾，成群的农民将农产品倒在了收购企业门前，倾诉企业的“坑农”行为，一时间充满道德责问的相关报道迅速传播，矛头全部指向当事企业与地方政府。但随着调查的深入，发现事情根本不是那么简单，到底谁违约都成了问题。原来，企业与农民签订的是出口日本的青刀豆生产合同，为了保证新鲜，必须在开花后 10 天左右采摘，青刀豆长 10 公分左右且豆荚皮未没有纤维化变硬。然而，农民发现青刀豆可以长得更长，于是送到企业的多在 20 公分左右，显然无法满足出口要求，企业于是拒收。农民哪能愿意，冲突随即不可避免。事件的最后，虽然当地政府和企业兜底了事，但却提示一个重要的现实问题，订单农业在数量上满足比较好办，而质量上满足就比较难办，这是好多“企业 + 农户”模式走向穷途末路甚至反目成仇的重要原因。我在县里工作时，专门就此调研过，发现在经济合作组织或农业社会化服务组织不发达的时候，只能由政府的农技部门临时上手，把好技术关，让生产出的农产品符合标准，达到质量要求，但这些只是临时性措施，以农技部门的力量能管几个订单农业项目？由此，我们也就必须看到农产品质量管理的一些特殊性，从实际出发来规范农产品生产的质量管理。

首先，必须看到农产品不可能像工业产品那样标准化。有一句哲理叫“世界上没有两片相同的树叶”，这话放在农产品质量问题上最合适。农产品是动植物的自然生长结果，虽然人为因素可以影响动植物生长，但并不能彻底改变动植物生长，也不可能抹杀动植物个体间的差异。所以，想让农产品像工业产品那样一模一样，是不可能的。因为，工业产品是没有生命的，是机床模具造出来的，肯定是一模一样的，当然也会因为技术操作或机器老化造成不同批次的产品有细微差异，但表面看起来至少还是一致的。

其次，当前的农户分散小生产让农产品的标准化更加困难。不同农户的经营水平是不一样的，其结果是地力水平有差异，技术管理有差异，动植物的生长发育也有差异，最终的农产品肯定也有差异。典型的像水果，虽然洛川苹果名气很大，但不同农户果园的苹果质量是不一样的，口味、大小、着色、形状等都有差异，施有机肥的和施化肥的地块不一样，就是同样施有机肥，用了羊粪和用了猪粪的地块也不一样。所以，好多企业在收购农产品时往往面对分散农户而陷入质量恐慌，因为这意味着同样一个企业、一个产地的农产品也不可能保持质量一致，可能客户这次吃的农产品与上次吃的农产品味道就不一样。

再次，频发的自然风险让农产品的质量控制也非常困难。农业与工业生产最大的不同是受自然风险影响十分明显，尽管有设施保护也可以形成人工小环境，但绝大多数的农产品还得在大田生产，干旱、霜冻、低温寡照、病虫害等都会影响农产品的质量，包括外观和内在的品质，如形状变小甚至变形、表皮伤疤、风味变劣等，如果受影响程度轻，可能造成订单的数量难以满足；如果受影响程度重，则可能导致订单根本无法履行。这种自然风险带来的意外质量影响，好多企业是应对不及的，损失非常惨重。

此外，防不胜防的道德风险也让质量问题扑朔迷离。什么东西好了，大家便群起仿之，最后“李逵”可能还斗不过“李鬼”，这是当前市场中的一种顽疾。工业产品尚且如此，农产品更不用说。以西湖龙井为例，真正原产地的有多少？但哪个卖茶叶的不在卖西湖龙井？虽然不是西湖周边区域产的，但两叶一心、身形扁平的制茶工艺谁不会，地域原产概念的西湖龙井顿时成为普通制茶工艺的一般茶叶产品，普通的消费者哪有这个鉴别力？更不要说在利益诱导之下，生产的农户、收购加工销售的企业、终端销售商等各个环节可能存在的掺杂使假，早已让质量标准踪迹难寻。有人开玩笑说，一领导喝惯了基层的假茅台，偶然在外面喝上一次真的，倒怪罪起真茅台是假的，这是市场经济一个不小的玩笑。

标准化如此之难，让无数企业竞折腰！无数农产品标准化的企业冒着“先锋”变“先烈”的风险艰苦探索。大体有以下几样路径：

其一，以健全的标准体系保障质量。要生产什么样的产品，达到什么样的质量，力争均转换成规范的、详细的技术操作规程，什么时候播种，什么时候施肥，什么时候除草和防治病虫害，什么时候收获，怎么去储藏等，全部数字化、可操作化，按这个指导生产操作，实现标准化。

其二，以科学的管理体系提升质量。让企业来生产，成本太高；让农民分散生产，质量又难以统一。于是，“企业＋农户”的形式逐渐演化为：企业统一提供生产资料、技术指导、操作规范，引导农民统一播种、统一施肥、统一防治、统一采收等，有的概括为“六统一”，也有的概括为“八统一”，农民成为企业的生产车间；或者企业统一流转土地，农民变成农工，像工人一样按照生产调度命令规范操作，但面临生产过程难以监督、生产效率难以保障等现实问题，有可能重演人民公社的集体劳动场景；或者企业与农民以入股、合伙经营等名义合作，企业与农民签订类似承包经营一样的合同，以效益和标准为基本尺子来考核等。

其三，以完备的监控体系保护质量。以联想农业为代表的全程可追溯体系让农产品的质量控制具备了现代化的手段，4G、云计算、物联网等最新技术让集感知、传输、控制、作业为一体的智能农业系统成为现实，让原来卖到市场就说不清的农产品有了身份证，生产管理、储藏运输等环节均有记录可查，防止了市场上的鱼目混珠行为。而熙可集团做水果更到了登峰造极的地步：水果收获前三天，抽检人员按既定抽检路线去采摘果实，为每个果实秘密贴上射频条形码；样品装满，箱子盖上之后，条形码中内置的密码锁随即上锁，只有到达检测地 GPS 信号相符，密码锁才会打开。这样抽检人员无法中途调换样品；若强行开锁，系统会进入自动报警系统。

其四，以先进的技术改善质量标准。比如在苹果生产上，有成套的选果生产线，能够将苹果按照大小、色度等进行分级，自动分选包装，让原本质量不统一的散装苹果有了相对标准的质量。再比如，对动植物品种进行改良，生产出更符合目标需求的性状特征，像礼品西瓜、圣女果、迷你番茄等，在现代育种手段的改进下，已经变得大小形状、成熟度、主要质量指标等相对一致，质量标准化程度大大提升。但更多的农产品还走在质量改进的路上。

总之，由于农业无法按工业那样完全标准化生产，所以质量标准只能是相对的，而保障质量也比工业更加困难，所有的探索还在继续。

管理去哪儿了

——农业企业的经营之困

好多人埋怨农业企业做不大，这其中一个重要的原因恰恰是企业管理上不去。一个农业企业是继续停留在“土包子”状态，还是迅速成长为现代企业，其分水岭往往在企业管理，特别是现代企业经营制度上。

农业企业是企业吗？可以说“是”也可以说“不是”。因为在某种程度上，农业企业也受到了农业不同于工业的影响，现代企业制度建立相当困难。比如上市的农业企业，很典型的一个问题就是财务，与农民打交道，现金往来没有发票，这在农村稀松平常，但按照上市公司制度则不被允许，而一旦要规范就要增加管理成本和操作难度；还有库存的问题，工业企业按库存商品价值统计，而农业企业种在地里的、养在圈里的该怎么算？然而，既然农业企业要走向市场，做大做强，就必须建立现代企业制度，规范管理，在加强管理中发展壮大。在现实中，好多人埋怨农业企业做不大，这其中一个重要的原因恰恰是企业管理上不去。

（一）小时靠能力，大时靠管理

一个农业企业是继续停留在“土包子”状态，还是迅速成长为现代企业，其分水岭往往在企业管理，特别是现代企业经营制度上。记得在2000年前后，陕西有两家村办乳品企业同时超过1亿元的产值，这在当时是为人津津乐道的事情，虽然陕西民营企业整体并不发达，但以乳品为代表的农产品加工企业发展却生机勃勃。又是一个十年后，这两家企业中一个还维持在亿元级的水平，而另外一家已经步入国家级乳品企业梯队，产值达到20多亿元。何以如此？企业经营体制是一个重要原因。成为国家级企业的这家，迅速建立现代企业经营体制和机制，从村办企业转型为现代大型乳品加工企业并及时入驻工业园区，后来还在境外上市融资，企业发展有了质的提升。而另外一家，继续保持村办企业体制，企业主要领导与村“两委会”领导一肩挑，三年一届的村“两委会”选举往往带来人事更替，直接影响企业发展，经营思路有可能贪功冒进，也可能保守倒退，反复折腾，企业没有垮下已是万幸了。

再回头看好多农业企业，起家时往往靠领导的个人能力，不仅吃苦能干而且经营头脑敏锐，迅速打开天地，但到了一定程度则逐渐力不从心，既当老板又当伙计，辛苦不说，经营的天花板很难打破。按照一般管理学理论，团队人数超过50个，管理层的存在就不可避免。那些做得好的农业企业老板，不是高度自信，亲力亲为的；而是自知能力不足，及时请进人才，组建核心管理团队，不断提升管理水平。

（二）共患难易，同富贵难——警惕家族企业的风险

除过那些资本下乡而来的农业企业，土生土长的农业企业好多是家族制的。正所谓“打虎亲兄弟，上阵父子兵”，能经历数次风险不断壮大的农业企业在创业过程中的主力往往是本家人。家族企业国内外都有，但国外的一般经营都比较平稳，而国内的家族企业却很容易出现夫妻反目、父子成仇的现象，根本原因在于国外的家族企业虽然是家族化的，但产权是社会化的，包括松下、洛克菲勒等著名家族企业，股权都是分散化的，不因家族内部问题而影响企业的正常经营；而中国的家族企业往往带有强烈的宗法特征，股权封闭，企业的经营只能维系于家族成员的能力水平。更重要的是，中国的家族企业不仅在产权上没有社会化，

而且也没有个人化，只能表述为这是我们家的，父子、夫妻、兄弟如何分配没有明确，为后来的内部纷争埋下隐患，这些年民企的分家潮已经上演了多少次家族情仇。所以，理清产权是农业企业也是一般民营企业发展必须重视的制度性问题。

这也提出中国家族企业需要思考的一个重要课题，什么才是家族企业的永续发展，那绝不是始终保持在自己家庭成员的手中或者后代的手中，而是学习西方让企业成为社会的一部分，就像让水成为海洋的一部分，这样才永远不会干涸。

（三）哈佛管理学可能也不顶用——管理的核心是人而非事

有一个看起来挺有趣的故事讲出了农业企业管理的根本性问题。一群有着名校博士和海归的管理团队在管理一个农场时一筹莫展，这时企业领导的乡下母亲前来散心，在农场溜达了一圈，却意外而准确地点出了管理的症结，她看到公司雇用农民像城里的工厂一样上下班，其劳动的情节疑似人民公社再现，劳动积极性与效益从何而来？此后，管理层采取了类似联产承包的办法，生产效率与农产品质量迅速提升上来。这个故事说明的是，农业企业管理的核心是管人，而不是表面的制度与规范，根本在于符合经济与社会规律，让员工产生工作的动力。其实不唯农业企业如此，整个企业管理的核心也是人。在畅销财经管理书《高效能人士的七个习惯》中，把东西方管理理念在“人”的层面做到了融合，即管理核心在人而非事，尽管目的是事，但根本在于人的精神问题而非物质问题，主要解决的是人的品德问题而非能力问题，管理的理想境界是人的集合协调而非个人的单打独斗。

既然是管人，就要以人为本。现在大家都讲顾客第一，但在《日本最了不起的公司：永续经营的闪光之魂》一书中，则明确提出，经营公司是为了履行对“五个人的使命与责任”，依次是员工及家人、外包下游厂商、顾客、当地社会以及股东，排在第一位的就是员工。为什么要以员工为第一？因为企业的员工并不只是追求利益，他们寻求的是工作中的幸福感与尊严；当企业尊重了员工的需求，他们就会自发地努力工作，为公司忠诚效力；在以员工为第一的情况下，必然让员工及其家属产生一种强烈的感动和工作动力，然后会转化为产品的优质和服务的上乘，最终便体现为顾客高度满意。

从实践看，农业企业要重点管理好三类人：

第一类是核心管理团队，事关企业发展根本，经常让人有“千军易得、一将难求”之感。要找到好的管理团队，要靠企业美好的发展愿景，没有前途的企业是留不住人的；要靠企业领导者的人格魅力，干事总要靠感情，靠志同道合；还要靠有效的激励机制，伙计不能当一辈子，晋商老早就发明了身股，现代企业职业经理人的股权激励制度也相当成熟，需要有效应用。

第二类是科技人才，现代农业的发展在本质上是靠现代科技来推动的，科技人才决定着企业发展战略能否顺利实施与未来的发展方向，对科技人才要在感情上尊重，待遇上优厚，生产中赋权，给予宽松的能力发挥空间。

第三类是大量的员工包括大量的农民，其实农业生产过程是几乎难以标准化评估和有效监督的，所以世界上绝大多数农业经营单位是家庭经营，因为只有这样才能把劳动积极性调动起来，实现为别人劳动到为自己劳动的转变。

当然，“管理”这个词本身也是可以讨论的，某种程度上不是管而是理，理是理念、理性、理解，以服务来实现管理。要以有影响的品牌来吸引凝聚团队，要以有内涵的文化来引领企业发展，要以内心的真实尊重让团队持久跟随。当然，这些已经不是农业企业的问题了，而是一般企业都会遇见的问题，也没有标准答案可以提供，需要在实践中不断探索和总结。

牛岂是好养的

——肉牛产业的困境与新机遇

《王戎评李》的故事我常讲给要投资肉牛的朋友，牛肉有市场，产业没人做，是棵“苦”李树。但形势比人强，在牛肉消费不断增长而农民养牛却不断减少的情况下，肉牛价格终于出现了连续的较大幅度增长，2015 年之前涨了两倍，投资机会显现。

在《世说新语》中有一则《王戎评李》的故事，讲的是王戎小时候与伙伴们玩，路边看到一棵李树，在大家争相攀折的时候，王戎却不动。问其原因，他说：“树在道旁而多子，此必苦李。”大家摘下来一尝，果然如此。有一年我去一个肉牛养殖场考察，看了一圈后直言不讳，赔得不轻；企业负责人也直言，理想与现实的差距真大。于是我便想到了王戎这个故事，以后经常讲给想要投资肉牛产业的朋友，希望大家在投资的时候考虑一下，为什么大家都想到了牛肉有市场，却很少有大投资到肉牛产业中去，说明这个产业也像那棵李树，是“苦”的。否则，大名鼎鼎的高盛要养猪，网易的丁磊要养猪，武钢这样的大型工业企业也要养猪，也有听说某些大企业搞了奶牛场，而很少听见哪个大企业去养肉牛。套用流行的网络词来表述，则元芳肯定说，“大人，此事定有蹊跷！”

蹊跷何在？一问农民便可知。我的老家过去黄牛多得很，这些年却一头牛也难见，根本还在市场经济这只无形的手在起作用。对于传统的农村家庭来说，牛的作用是畜力，为了耕地而养牛。到了机械化普及的时候，牛的作用消失了，只能转作肉用，要肉用便是商业养殖，要拿效益说话，如果牛肉的价格不足以支撑肉牛的养殖，则农民肯定会卖掉牛。在牛肉价格飞涨之前的相当长时段里，农民养一头肉牛的年效益大约为1000元，可谓既辛苦又不挣钱，谁愿去养。更重要的是，牛是吃草的，饲料只能是搭配。机械化导致牛的饲料供应也成了问题，机械收获的小麦秸秆需要专门碾压牛才能食用；玉米秸秆则需要建专门的青贮设施。种种比较之下，平原的农民基本放弃了肉牛的养殖，要么打工要么养猪养鸡了。所以，现在的肉牛基本在丘陵山区，满山都能放牛，只要冬季搭配一点饲料即可，养殖成本极低；养牛的人也基本是农村的“爷爷”们，养牛一年挣点零花钱，算是老有所用、老有所养了。

那么一般的企业为什么不养肉牛？一句话，无法实现工业化，更没有效益可言。在畜牧行业，凡是工业化程度高的，一定是资本竞争激烈的。猪、鸡行业已经基本工业化，而且周转率高，肉鸡两个月周转一次，生猪半年周转一次。可以不夸张地说，只要你有资本想投入猪鸡行业，马上就有配套的工程设计公司、饲料配送公司、仔猪繁育公司、饲喂机械公司、兽药公司、屠宰公司找上来，只要选好地，钱给足，能像深圳速度一样建厂投产。而且，猪鸡行业的利润因为过度竞争，已经到了行业平均利润状态，一头猪的利润一般为150元，要想挣钱只管扩大规模就是。所以，资本的介入越来越呈现超大规模的迹象，在十年前要听说建起万头猪场还是很稀奇的事，如今大型养殖场起步就得万头以上，规模养殖场纪录不断刷新，直至几十万头的超大猪场出现。

可是肉牛产业就差多了，不仅受到的制约太多，而且迟迟难以找见盈利点。首先，养肉牛得到离草料近的地方，必须以最低的成本取得草料，否则仅远距离调运草料一项就可以压垮养殖场，牛的草料需用量又大得惊人，行业的标准是一头牛十吨草。但能取得低成本草料的地方都在山区，散养可以，规模养殖不仅建场条件不好，而且草料依然要费力地在山区收集。其次，资金周转效率太低。一般的农业行业是投资大，见效慢，而肉牛尤其慢，与养猪一对比，一目了然。养猪的都知道，有一头能繁母猪在，意味着一年可繁殖2.5胎，每胎最保守生10个，一年能出栏25头仔猪；育肥环节则四个月左右一槽，一年可出栏2.5次。但肉牛就差多了，一年一胎，一胎一个，一般黄牛出栏需要3—4年，与猪一比，年繁殖系数差25倍，出栏周期差近10倍，综合下来资金周转速率差百十倍，在现金为王的年代，谁会投？最后，最根本的原因，效益差。肉牛的收购价格长期在每公斤10元左右，若按工业化的养殖办法，每头赔2000元不止，只有农民能养。唯一的挣钱环节是最后的育肥环节，集中三个月催肥，每头挣七八百元，但到分散的农户收购架子牛是个大问题，效益也不突出，所以主要是农村的牛贩子兼职在做。当然屠宰环节理论上赚钱的，无奈牛太少而且收购太散太难，经常处于停工状态，亏损也成常态。

肉牛产业的出路何在？根本在涨价，不涨到经济规律认可的价格水平，能市场化养殖的机会就没有。具体路径，一种是做高端，动则上千元一公斤，雪花肥牛，高档牛排，但市场总量小。另一种最根本的途径，就是牛肉的市场价格整体上涨。还好，形势比人强，在牛肉消费不断增长而农民养牛却不断减少的情况下，肉牛价格终于出现了连续的较大幅度增长，从2006年后半年起，牛肉价格就从每公斤18元左右开始加快上涨，2007年后半期更是开始突飞猛进，到2008年初突破每公斤30元；此后猪肉价格波动，但牛肉价格继续稳中有升，到2011年5月起又开始新一轮快速上涨，到2012年1月突破每公斤40元，2012年11月突破50元。截至2013年6月底，50个城市的牛肉平均价格已达62.72元/公斤，广州鲜牛肉价格甚至达到了74元/公斤，创下当地市场十年来最高价，社会终于惊呼“牛魔王”来了。由于市场货源极其短缺，导致活牛价格从2006年前的每公斤七八元一路攀升至18元左右，翻了一番还多。虽然市场惊呼，但终究不抵用，牛肉价格在刚性的需求增长和供应不足的现实下没有比涨价更好的选择，同时也为肉牛养殖提供了市场化的机遇。过去一个母牛三四千元，现在要上万；过去一个牛犊只有千把元，现在四五千元；过去一头肥牛卖六七千元，现在一般卖万元以上，有的甚至上了两万，那些高端的肥牛三四万元一头也不惊人。

既然肉牛价格已经到了如此地步，投资机会显现，是不是就可以大胆介入了？也不一定。肉牛行业自有规律，在市场经济条件下，看什么问题都不可被表面现象所迷惑，而是要深刻思考内在原因。尤其是在农业这个弱质行业，周期长、见效慢、风险大，外行介入的时候一定要认真研究产业规律，以免因为盲目和仓促造成不必要的损失。

首先，必须明晰一个基本规律，这就是肉牛的分区域分段饲养规律，“山区搞繁育，川原搞育肥；农户搞繁育，企业搞育肥”是一个基本分工原则。企业搞母牛和犊牛饲养，周期长，成本高，与农户相比不具备优势，只有在山区才能有效降低饲养成本，再适度扩大规模，方有利可图。好多企业一投入便从养母牛养起，结果三四年间一头肉牛也无法出栏，资金占用非常大，周转十分困难，有的坚持不住只好忍痛退出。即使要下决心做长远的产业，也要与短期效益相结合，可以同时养些母牛、牛犊和架子牛，保证随时有出栏，资金得到有效流转。

其次，要把握好品种定位问题。牛肉大体可分为谷饲型、草饲型两大类型：谷饲型在饲养后期要加入粮食等饲料，促进脂肪形成，并与肌肉相间，肉质呈樱桃红色，极为柔滑细嫩，间以大理石纹，非常适合涮烤类消费，包括中国在内的亚洲以谷食型牛肉为主，日本和牛便是顶端的代表，陕西的秦川牛因为天然的大理石花纹，被誉为国内牛肉的极品；而草饲型瘦肉多、脂肪少、低胆固醇，是典型的红肉型牛肉，欧洲人食用较多。发展肉牛产业必须从这一市场趋势出发，考虑清楚是走快速出栏的低端路线，还是走品质优秀的高端路线？以西门塔尔等为代表的引进洋品种，从出生到出栏一般为一年半，属于快速出栏路线，而国内的秦川牛等地方良种黄牛虽然品质好，但生长周期长，需要杂交改良。像秦川牛运用安格斯杂交，优势明显，依旧保持红色毛，肉质好，早熟，难产率低，后驱发达，生长速度加快，是目前改良的最佳路线。

最后，要加强产业的合作。虽然农业的发展已由过去的政府推动型向企业带动型加速推进，但必须明白，不管市场上牛肉有多么好的利润，只要农民不养牛，后续的产业链条就无法实现。龙头企业必须学会与农民及农民合作组织的协作，以投资入股、全方位服务等形式，积极参与合作社和基地建设，结成更加紧密的利益关系，让合作社与农户成为企业最为可靠的肉牛产业基地，才能实现长期稳定的发展。

总之，肉牛产业的发展已经出现重要的市场机遇，需要大胆引入现代产业理念，明晰对关键问题的认识，在突破传统中焕发生机。

赌败了的猪周期

——养猪产业的新时代

在一片亏损中，投资继续扩大，透视超过预期的下跌——失灵的“猪周期”；向前还是向后——生猪产业的方向性抉择；双汇的救赎——生猪进入产业链时代；理想丰满而现实骨感——“丁家猪”夭折；“红海”与“蓝海”之争——生猪产业呈现新趋势。

在中国，生猪产业恐怕是工业化程度最高和资本关注度最高的农业产业了。治国有“猪粮安天下”之说，粮食国家控制较严，比较效益较低；但猪肉就不一样了，充满了想象空间，因为随着大量农村人口转向城市，消费升级，人均猪肉消费不断上升，2012 年中国人均猪肉消费量约 39 公斤，比 1990 年的 20 公斤增长近一倍，市场空间实在诱人。于是，在一片资本下乡的热潮中，各方资本不约而同将目光对准了生猪产业。国外资本中，高盛以收购的方式跑马圈地；工业资本中，武钢养猪竟然利润好于炼钢；连互联网这个“阳春白雪”也看上了生猪产业这样的“下里巴人”，网易的“丁家猪”雄心勃勃地上路了；更不要说大农业领域的中粮集团在各地兴建大型养猪场，双汇收购美国养猪企业。一时间，资本养猪风靡一时。然而，美好的投资前景被无情的现实打破了，自 2011 年生猪价格登上新的高峰之后，一路下跌，到 2014 年春天，猪粮比已经跌破 5∶1 的重度亏损线，国家被迫启动新一轮冷冻猪肉收储计划，市场哀鸿遍野，养猪一头平均亏损 300 左右。今天的生猪产业又该如何面对？

（一）超过预期的下跌——失灵的“猪周期”

凡生猪产业的行内人士都知道“一年赚、一年平、一年亏”的“猪周期”，但这个“猪周期”却在2013年失灵了。2013年不仅期望中的年底回升新周期没有开始，连正常的春节上涨行情也被打破，春节前后生猪价格不涨反跌，让人大跌眼镜。是什么导致了“猪周期”的失灵，各方说辞很多，但归结起来是四条理由，一是产能过剩了，2013年中国生猪出栏达到历史纪录的71557万头，比价格低迷的2012年又增长了2.5%；二是中央八项规定出台和光盘行动等民间食品节约行动开展，餐饮业肉食消费下降；三是进口冻猪肉的冲击；四是成本居高不下，猪肉价格下跌，而养殖成本并不下降，人工成本还在涨。在上述四大因素中，实质上产能过剩最为根本，出栏的增加说明在2013年确实有大量资本瞄准了新一轮的“猪周期”而逆市投资，结果导致“猪周期”不幸失灵，无法从底谷抬起；至于餐饮业消费因公款消费下降也有些牵强，公款消费更多的恐怕不是普通的猪肉，而且猪肉价格下跌了，可能普通居民消费还增加了；进口猪肉则总量实在有限，价格暂时还缺乏竞争力，冲击能力有限；而成本的问题只是在2012年的肉价下跌中相对突出了，特别是人工成本的上升是所有行业面临的共同问题。

但不管怎么说，“猪周期”确实失灵了，生猪产业的新时代来临了，是进一步在“资本+规模”的传统方式下继续搏杀，催生若干大型寡头企业，最终在垄断中实现市场的相对平衡；还是加快转变单一的工业化思维，发展模式多样的生猪产业形态，各方也在争论之中。但基本可以肯定，“猪周期”的失灵依然挡不住前仆后继的脚步，投资生猪产业依然一片“病树前头万木春”的壮观场景，因为生猪产业最适合资本投资，而且越大似乎越好。也就是在普遍亏损的不利局面下，广东温氏集团宣布2013年生猪出栏规模突破1000万头大关，继续领衔规模养殖企业，占全国出栏总量的1.4%。中粮集团也于2013年9月宣布斥资36亿元，建设东北地区规模最大的生猪基地，200万头生猪只是起步的规模，将来要扩大至500万头。

（二）向前还是向后——生猪产业的方向性抉择

怎样才能避免生猪价格剧烈波动？可从市场、生产、政策等角度入手，但最根本的是要从生产环节入手，避免供应量的剧烈波动。因为生猪的年繁殖速率是15倍，出栏周期是6个月，数十倍于牛羊的生产速度，很容易造成市场短期的供过于求，于是价格调整周期形成。目前有两种不同的意见，一种是加快淘汰散户养殖，让规模化、标准化的大中型养殖场唱主角，再以若干龙头企业为纽带，使产业链紧密起来，均衡市场供给。另一种意见恰恰相反，认为规模养殖是价格波动的罪魁祸首，应该推广家庭适度规模养殖，严控大企业、大资本进入养殖领域，以实现生猪产业的平稳发展。还有一种更为极端的意见，认为整个生猪产业陷入了发达国家衰退中的生猪产业旧模式，即工业化的陷阱，在发达国家开始追求生态理念、讲求动物福利的时候，中国的生猪产业不应继续拾人牙慧，重蹈覆辙。

到底会走向哪个方向？估计短期内还得在规模化的道路上继续前进，散户继续退出，养猪巨头加速崛起；但也不排除各类特色养猪的崛起，迎合多元化的消费时代。

（三）双汇的救赎——生猪进入产业链时代

2011年央视“3·15”晚会的“健美猪”真相曝光绝对是双汇发展史上具有标志性的事件，因为下属企业收购了使用了含“瘦肉精”的猪肉而被曝光，双汇瞬间遭受了类似三鹿奶粉事件一样的巨大冲击。事件随即迅速发酵，半个月内双汇能够计算的损失就超过121亿元，而对于品牌形象伤害带来的经济损失还无法估算。事件爆发后，双汇发布致歉声明和产品召回声明，将每年的3月15日定为“双汇食品安全日”并公布整顿举措。此后双汇痛定思痛，开始摆脱单一的收购加工模式，向产业上游延伸。到2013年中期斥巨资收购美国最大的肉类生产商史密斯菲尔德公司，从育种、饲料、养殖到屠宰、深加工、品牌肉食的全产业链基本架构初步显现。不仅如此，收购也实现了技术优势的整合，让产业技术水平得到提升。

在双汇加速向全产业链跨越的同时，中粮、新希望等大型企业集团也宣布要打造全产业链模式，深度介入生猪养殖基地、饲料厂、屠宰厂及肉食品加工厂等产业链项目。上市公司中的雏鹰农牧等企业也是因为全产业链的小而美模式被人津津乐道。而网易的“丁氏猪”更是宣称要从育种、养殖、营销等多个层面，来全面应用互联网的创新营销模式，对整个产业链进行改造。

（四）理想丰满而现实骨感——“丁家猪”的夭折

从2009年2月广东“两会”丁磊高调宣布网易要养猪并且在网易公司架构中成立专业部门开始，到2013年2月的广东“两会”，足足四年“丁家猪”在千呼万唤中始终没有问世。到2014年初的媒体报道，已经基本倾向于判断网易养猪事业的夭折。从种种报道看，网易的养猪事业压根就没有落地过。主要表现在两个方面：一是土地问题导致迟迟不能开工，但各方的说法并不一致，有的说网易是为了圈地，意不在猪；而丁磊的解释是找一个能够养猪的地方非常困难，会涉及到农民利益的补偿，要挨家挨户地跟他们谈，过程非常非常漫长；二是新概念也很难实施，有行内人士评价其猪舍搞得比人的住所还“金贵”，“不吃药”的猪根本不现实，更不要说市场波动根本控制不了，盈利也无法保证，当然这个说法因为没有批量的“丁家猪”上市也无法论证（2017年春节，千呼万唤的首批“丁家猪”终于上市，果然贵的离谱）。总之，网易的养猪实践表明，外行介入生猪产业，相当不易。

（五）“红海”与“蓝海”之争——生猪产业的新趋势

不管怎样争论，中国生猪产业的混沌局面依然还得持续，并在混沌中呈现若干新的趋势。

第一，一个平均利润的时代。过度竞争必然导致行业利润向平均利润率过渡，生猪恰恰如此。目前生猪产业的利润率已经趋于透明化。基本上的投资概算是按每头生猪盈利100元来测算的，在50元—150元之间是合理利润区间，超过300元则是暴利了。尽管这个平均利润几乎很难在现实中实现，不是高了就是低了，但按过去的三年猪周期平均下来，倒也准确。既然利润率如此，则只能在规模上竞争了，所以猪场越建越大，过去听说一个万头猪场还挺新鲜，如今要投资生猪万头也就个起步了。单体猪场规模纪录不断刷新，5万头、10万头、30万头，随着资本的积聚迅速膨胀，有人戏称是"恐龙时代"。

第二，一个工业化的时代。一栋猪舍就是一个生猪车间，有规范的标准化养殖流程，与工业上的自动化生产线基本类似。完全适合资本投资，只要有资本，随时随地能投产，不仅猪舍有标准化模式，有专业工程队实施，而且仔猪、饲料有人配套供应，技术有人服务，屠宰加工有人定点收购，就是养猪过程中的全程机械化和智能化设备早已齐全，连日常管理的技术软件也出现了。干净整洁的圈舍配套了粪便自动清理系统，冬天有取暖设备，夏天有降温设备与嬉水池，全自动饲喂系统让生猪自由取食饮水，精确到天到不同生长阶段的饲料搭配管理，等等，有人戏称，生猪生活条件超过了人，营养配比水平甚至好于孕妇。

第三，一个精细化的时代。同样的市场，不一样的结局，有人欢喜有人忧。在2013年的一片亏损声中，还是有养猪场盈了利。仔细分析起来，核心是经营管理出了问题，根本是缺乏人才。比如，通过加强经营管理，提高管理水平，仔猪的自然死亡率下降、育肥猪的疾病减少等，实际就是利润。既然利润已经平均化，只能在节本增效上想办法，管理就是基本路径。实现管理提升的根本又是人才，没有好的专业技术人才，再好的硬件设施也养不出好猪挣不了钱。如果还有人在想着雇佣农村的留守老人当饲养员，那绝对是对现代养猪业的无情嘲弄。

第四,一个差异化的时代。生活虽然好了，但过去的味道却不见了。随着居民生活水平提升，一股食物的“返古潮”也相应起来了，一些地方的特色生猪品种重新出山。目前的普通猪肉吃烦了，小香猪于是登场了；洋人的白猪肉吃烦了，中国传统的黑猪肉又走俏了；家猪肉吃烦了，人工饲养的野猪肉以及家猪野猪杂交猪肉也发展起来了；更不要说食品安全恐慌下的各类有机猪、生态猪等也纷至沓来。虽说目前的规模化养猪是主流，但也绝不妨碍这些土特生猪产品的市场空间，也算是差异化营销了。

第五,一个科技竞争的时代。不要以为农业就很传统，农业现代起来一点也不输工业，生猪产业恰恰如此。目前信息化的信息集成、远程控制、数据快速处理分析等技术优势在生猪产业中得到体现，4G、云计算、物联网等最新技术也日益广泛运用，集感知、传输、控制、作业为一体的智能养殖系统不断涌现和完善，自动化、标准化、智能化和集约化的现代生猪生产管理体系深度发展。在现代化的生猪基地中，早已告别传统的人力劳动场景，养殖场管理人员只要打开电脑就能控制牲畜的饲喂、粪便收集处理等工作，科技让生猪的传统产业面孔彻底改变。

第六,一个全新营销的时代。如何把好的产品卖个好价钱是生产者一直面临的市场困境，而如何保证花了大价钱买的好产品是放心的则是消费者挥之不去的心理阴影。特别是像猪肉这样占据居民膳食比重极高的肉食品种，质量安全、价格合理、渠道放心是生产与消费追求的双赢局面。必须运用现代信息技术手段建立从生产到销售的新型产业体系，并加强产销互动，逐渐从由产到销向从销到产的新型产销关系转变。一号土猪“公司+基地+专业户+直营店”的联合经营模式实践表明，差异化的战略，准确的客户定位，全产业链的控制，可以走出传统产销关系的泥潭。

总之，养猪绝不再是一个传统的养殖产业，而是一个现代的、高科技的、时尚的产业，必须把握这一发展趋势，把握规律，在产业深度调整之际把握机遇，力求做得更好，做得更大。

曾经的明星特产为什么不行了

——陕北红枣产业的发展转型

陕北红枣产业困境，表面原因是气候条件不利和新疆枣的竞争，实质是自身转型问题，既难适应气候变化和市场需要快速地实现品种的更新换代（当然这个过程客观上是漫长的），又难突出特色创出有影响力的市场品牌，注定要走艰难却必须的转型之路。

2013年的国庆节当天，我收到了一个朋友捎来的陕北鲜红枣，他还介绍了一下这些红枣的来之不易——由于农村没有了青壮年劳动力，这是专门找人在山坡上打下来的。我听了很感动，顿时也意识到，自己已经犯了“官僚主义”，在2013年春天为扶贫县提出的红枣发展建议中，缺少了农村社会角度的深层考虑，是有些就产业说产业的味道。如果从社会角度考虑，则陕北红枣真的要痛下决心，开始根本的产业转型。

为什么陕北红枣产业这几年出现了困境？表面的原因是气候条件不利和新疆枣的竞争。这些年陕北的秋天，雨水明显多了起来，正值红枣成熟季节，难以及时采摘和晾晒，极易造成裂果烂果现象，商品性大受影响。雨水的增多，证明了陕北退耕还林政策的落实成效，但却给陕北红枣产业带来了意想不到的副作用。反观这几年的新疆红枣，个头大、商品性好，市场人气迅速上升，价格能达到每斤20元—30元，价格远远高出陕北枣，经销利润也更高，于是经销商纷纷转而经销新疆红枣，给陕北红枣带来很大冲击。

但如果对陕北红枣的困境进一步分析，则根本原因可归结于自身转型的问题，既难以适应气候变化和市场需要快速地实现品种的更新换代（当然这个过程客观上是漫长的），又难以突出陕北红枣的特色创出有影响力的市场品牌，产业面临的困难可想而知。目前陕北红枣虽然在黄河沿岸和无定河沿岸形成红枣产业带，红枣收入也成为当地农民的重要经济来源之一，出现了一些靠红枣发家致富的典型，但总体看，红枣在农民收入中的比重较低，外出打工依然是农民收入的主要来源，红枣产业也没有上升为县域的支柱型产业。所以陕北红枣产业呈现出的基本特征是，品种单一，退化现象严重，仍然以木枣、团枣、牙枣等老品种为主，优良品种未能形成规模；绝大多数枣农停留在出售鲜果和干果的初级阶段，红枣加工以烘干为主的初加工有所发展，但烤炉数量少，规模小，且主要为代加工，处于产业层次低端，利润空间较小；具有一定深加工能力的企业只有几家，而且加工量较小，自主品牌开发不够。

更重要的原因是，陕北的农村社会结构发生了变化，这让陕北红枣产业的转型升级之路注定显得异常困难。陕北红枣产业的自然基础条件差，基本种植在沟、岔、卯、梁上，根本不具备现代农业产业的规模化、标准化生产基础，广种薄收是基本特征，产业升级改造难以实施。加上这些年陕北以能源重化工为支柱的工业化迅速推进，经济发展迅速，为农民带来大量就业创业机会，陕北农村呈现出很高比例的农村劳动力流出和大量空心村、留守老人现象，红枣产业的改造升级既不会被农民重视，更无力实施。

红枣具有极高的营养保健价值及药用价值，素有“木本粮食，滋补佳品”的美誉，是集药、食、补三大功能为一体的保健果品，民间也有“日食三枣，长生不老”之说，无疑是大有前途的产业。我国是红枣的原产国，也是世界上最大的红枣生产国。目前产业规模为2200多万亩，总产450万吨左右，主要集中在冀、鲁、豫、晋、陕五大传统产枣大省，占全国的80%以上。关于中国红枣的发展方向，中国园艺学会干果分会专家认为，在市场不断扩大、利润仍然增长的红枣市场机遇前，中国应加速红枣品种更新换代，普及良种化，在种植中坚持苗木嫁接化、栽植矮密化、施肥有机化、修剪精细化、病虫防治综合化、采后处理机械化、分档化、产品绿色化等，使红枣品质呈现高级化、多样化、绿色化、品牌化。在这样一个大背景下，陕北红枣注定也要走上艰难却必须推进的转型之路。

陕北红枣的转型可以从两种路径考虑：

一种路径是改变自己适应市场，推动生产与加工升级。从长远看，要加快新优品种引进，稳步扩大种植规模，推行规范化种植技术，重视加工转化和品牌营销，提升产业效益；从近期看，应着重在改造升级上下功夫，对现有种植区进行品种优化、先进技术推广，扩大烤炉等加工设施配备，提高资源利用率；特别是主产区应尽快转变代料加工的现状，加快自有品牌建设，重视市场开拓，提升产业附加值。

另一种路径是发挥自身优势，深度开发市场。品牌的最大内涵是文化。陕北大红枣，多么亮堂的名字，多少文学作品、影视画面中出现过，既体现着陕北深厚的黄土文化，又体现着中国革命的红色情结，是完全应该深度挖掘的品牌文化。同时，陕北红枣生产的自然条件差，也就客观上形成了天然生长的状态，与一般的有机食品生产并无二异，是可以大力开发的又一种天然优势，完全可以借助绿色有机的概念实现市场营销的突破，向中高端定位迈进。把文化牌叫响，把绿色有机的概念打响，陕北红枣应该可以在与其他品牌红枣的竞争中取得优势。

当然，思路还需措施来实现，最根本的是人的问题。要重视陕北红枣产业人才队伍建设，为产业发展提供技术支撑，当前应首先解决红枣保鲜储藏存在的突出问题，不断提升红枣加工品质；其次，吸引人才参与红枣市场开发，建立现代流通体系，深化品牌营销；再次，加强对农民专业合作组织和龙头企业的扶持，使之成为产业发展的最终主体力量；最后，加大对产业的政策扶持，吸引一批有为的青壮年参与到红枣产业的现代化进程中来。

在不断否定中升华

——设施蔬菜产业的哲学观察

设施栽培几十年发展历程，看起来像一种循环，从大变小又从小变大，从洋变土又从土变洋，恰恰就是哲学上的“否定之否定”过程，不断扬弃，螺旋上升，生产水平不断提升。发展策略必须与生产力水平相适应，这便是最简单也是最本质的产业哲学。

因搞蔬菜产业青年培训活动，最近在蔬菜地里又走了几趟，发现了一些新情况，又与专家做了些交流，感觉设施栽培几十年间的发展历程，看起来就像是一种循环，从大变小又从小变大，从洋变土又从土变洋，恰恰就是哲学上的“否定之否定”过程，在这种过程中不断扬弃，螺旋上升，实现了生产水平的不断提升。

设施栽培一般以大棚温室概括之，但一般常指的是日光温室，是典型的“舶来品”，于20世纪80年代初从日本引进，在东北地区率先示范，但基本属于“水土不服”。原因是国外的设施栽培为连栋温室，占地大、造价贵、运行成本高，既没有办法靠农户经营，在蔬菜很便宜的情况下也根本没有赢利的可能，只能“中国化”。所以，伟大的中国农民便发明了中国的“土温室”——夯土做山墙，以形成背风向阳的小环境；水泥柱或竹竿做弓梁，搭建出一个人工小环境；塑料纸覆盖，起到透光保温作用；中国第一代日光温室就这样在农民的引进消化创新中诞生。走中国的“土温室”道路，这是对国外连栋温室路线的否定，而在否定中又发展出适合中国生产实际的温室模式。

但中国第一代日光温室毕竟有缺陷，因为保温效果还不好，土坯墙有些薄，西北风能吹透，夯土时留下的缝隙更是漏风跑热，遇到极端天气，更是无法有效保温。于是生产对中国第一代日光温室又进行了否定，开始探索保温性能更强的日光温室技术，此后发明出以砖墙为外墙、墙内填注保温材料的新型温室技术，保温有效果，但依然有问题，墙体厚了成本太高，墙体薄了依然保温不好，这样第二代日光温室在生产应用没有多久继续被否定。此后这种“否定之否定”过程持续存在。直到目前生产上大量应用的第五代日光温室技术，总体可概况为“厚墙体、半地下、大弓形、重基肥”的12字特征，可以说有效解决了保温性能与经济效益的统一，而且可以机械化施工，避免了大量人工投入，辅助保温设施、节水滴灌系统、自动卷帘设备等也进行了配套，总体投入产出比较高，推广迅速。但第五代日光温室并非完美，因为“厚墙体”（山墙厚度3米以上），西北风虽挡住了，占地面积也大，每亩地的日光温室实际有效生产面积仅一半；因为“半地下”，保温效果好了，但湿害的问题产生了；单体面积还不大，工厂化的生产难以满足；等等。

于是，目前生产上看似奇怪的一幕出现了，当初被弃置的连栋温室又开始重新发展起来，主要用作工厂化育苗、高档蔬菜花卉生产和休闲观光农业；中间曾被放弃的砖墙体结构也被恢复采用了，不再半地下了，因为保温材料技术改进，山墙可以薄一些，依然保温，却提高了土地利用率；更为先进的成套型日光温室组件也出现了，只需拉到田间地头组装即可，农业装备的工业化进程让日光温室更加简便了。

回顾日光温室的30年历程，看似像一个循环，实际却发生了重大的内在变化，那每一个“否定之否定”都是对前一种生产方式的扬弃，最终的“循环回去”更是发展层次上的根本提升，背后有着深刻的内在机理：劳动力的成本提高了，日光温室的建造、生产需要更多地机械化；

设施蔬菜的价格在不断提升，已经足以支撑先进的大型日光温室进行赢利性生产；农村的土地经营现状也改变了，土地可以通过流转来集中，让大型日光温室的建造与聚集成为可能；大量资本、技术和管理经验渗透进日光温室产业，推动了规模化、科技化进程；等等。

如果将目光再转向农业机械化，同样也经历了从大到小再从小到大的“否定之否定”过程。新中国成立后的农业合作化运动客观上也是从苏联照搬回来的大机械耕作的现实要求，但没有农户家庭经营的充分发展，直接跨越到大机械耕作时代是违背生产力实际的，因为机械化造成的农村富余劳动力无法被工业化和城市化吸收，靠石油维持的机械化对于那个时代的农民也是高成本的和无法保障的（中国一直贫油，同样贫油和缺钱的朝鲜大机械农庄，因为苏联外援的减少也产生了石油危机无法持续），更何况大机械对于中国“七山二水一分田”的农业自然条件也天然存在“水土不服”。农村改革之后，一些专家担心农业机械化在家庭经营的条件下无法实现，但事实却是形势比人强，农业机械化的小型化照样推进农业机械化进程，更让人佩服的是农业机械的专业化、社会化服务走出了一条中国特色的农业机械化道路，让一切疑虑云消雾散。到了今天，随着农村劳动力的不断减少和农村土地流转的加速，农业机械的生产需求是个头越来越大、配套越来越细，过去15型小四轮满地跑，如今50型拖拉机还嫌小。尽管看着是类似的大型化，但今天的农业机械化能与当初的农业机械化等同么？更何况，为了与果树、蔬菜、现代畜牧业相匹配的小型农机又呈现出小微化、精细化、数字化特征，让人目不暇接。

从设施栽培以及农业机械化的“否定之否定”进程，可以明显看到一条真理，那就是生产力水平的决定性作用任何时候都无法抗逆，所有农业发展的策略必须与农业生产力发展水平相适应，这便是最简单也是最本质的产业哲学。

想做家庭农场？先想明白几个问题

对于家庭农场而言，至少有五个问题需要明晰：一是劳动力，更多是经营管理；二是规模，因地因产业而异，一般上百亩；三是人才，要有体面的收入和尊严的生活；四是服务体系，至少有四大体系支撑；五是兼业，因规模与作物而异。

虽然家庭农场并不是在2013年首次由中央提出，但以“家庭农场”这一专有名词首次写入中央一号文件，还是引起了轰动性效应，一时间“家庭农场”一词备受瞩目，频频成为新闻报道的热点，也成为“三农”理论研究的一个热点。最近读了一点与家庭农场有关的材料，感觉有些问题确实还需要深入研究，避免单纯的概念引起片面的理解和实践上的误导。想谈以下几个问题：

（一）关于家庭农场的劳动力

显然，所有的研究都同意这样的观点，即家庭农场是以经营者家庭成员为主要劳动力的。但是，更必须注意到，这个“主要劳动力”的概念绝不是“人力劳动”，因为以家庭农场的规模而言，绝不可能靠三四口之家完成，必须依靠大量的农业机械来完成。所有我们看到的国外家庭农场，必然拥有数量较多、功能配套齐全的农业机械。像法国，全国约50万个家庭农场，户均劳动力1.5人，主要劳动靠机械。家庭农场的成员要做的，只是操作机械，甚至是电脑遥控机械，绝不可能靠自己亲自“躬耕于田亩”。所以，家庭农场的建立，必须以全面的机械化为基本标志。

需要注意的是，机械化的概念必须从传统的大田作业机械转变出来，畜牧机械、果园机械、蔬菜机械等，已经层出不穷，大大减轻了劳动强度，提高了劳动效率。像一些发达的养牛场，从饲喂到挤奶再到奶品储藏，基本上实现了全程机械化和电脑操作。二战后德国的家庭农场平均养活人口从10人增加到150人，机械化在效率提高中发挥了至关重要的作用。如果再从这个角度讲，家庭农场的主要劳动力，其实更像是脑力工作者，或者农业企业的管理者，绝不是一线员工。像美国的农民们差不多都是多面手，不但会种地，还会修理和操控各种机械，同时也懂会计和投资。

还必须注意到，家庭农场以家庭成员为主要劳动力，并不排斥关键农时环节的临时性劳动力雇用，像生长中期的田间管理、成熟季节的采收等环节，特别是在中国农业机械还不发达、还不齐全的状况下，也不排斥长期的少量雇佣劳动力来做辅助劳动。

（二）关于家庭农场的经营规模与生产模式

既然是家庭农场，必须有一定规模，这是保证经营者获得预期收入的基本条件。家庭农场的经营规模应该有多大？各国是不一样的，美国是典型的大农场，一般在3000亩以上，人少地多的俄罗斯也有此条件；欧洲是中小型农场为主，一般的面积在300亩左右，像德国61.94%的家庭农场经营规模在30亩—450亩之间；法国有关方面的测算表明，家庭农场达到6公顷（90亩）—15公顷（225亩）是比较经济的，能让农业机械效用得到良好发挥；前段时间公布的中国家庭农场调查数据表明，平均经营规模在200亩左右。

但必须肯定的是，家庭农场绝不是小农经济的简单扩大，不是经营规模扩大就行了，而是生产方式上质的飞跃，这包括经营者的能力、资本的投入、管理方式的创新、机械化的充分运用、科技的应用等方面，否则将难以达到设想的生产效率和经营效益。

需要破除的“农业迷信”是，现代的生产方式就一定会破坏农村的田园风光，就一定是不生态的、不可持续的、不安全的。只要设计合理，现代农业、生态农业并行不悖，可以把生态的理念渗透在现代农业的全过程，以现代的技术手段、物质条件、经营方式来实现农业的可持续发展。

由此我不得不说，有机农业可能是一个美丽的误会，其起源可追溯到20世纪四五十年代后现代主义发端之时，本来的核心是如何实现农业的可持续发展，属于生态学在农业上的分支，但不曾想在社会的持续流传中逐渐演化为食品的金字塔顶式生产模式，这是基于人们对于食品安全危机下的“美丽误读”。家庭农场绝不可能按照严格的有机农业法典去生产曲高和寡的顶端农产品，但可以按照生态理念生产出安全的农产品，并与自然环境相协调。

因而，目前正在流行的社区支持农业模式，注定是“透过云彩的一缕阳光”，难以成为现代农业的主要经营模式。那些设想让大面积的农业回到没有工业投入品、靠人力耕作的传统农业的想法也是绝不可能的。因为在工业化、城镇化的推动下，农业已经不可能再退回纯粹的人力劳动时代，这不仅是效率不允许的，也是成本难以承受的。如果要回到传统农业，则不仅意味着要把大量的劳动力从城市、从工业领域抽回到农业，而且要面临工业投入品不足造成的产量下降，一些人可能因此没有食品可食用。

（三）关于家庭农场的青年人才

毋庸置疑，家庭农场需要年轻人，这也是家庭农场可持续发展的要求。但真正热爱农业是年轻人进入农业行业的根本前提，必须要有现实的条件能让年轻人积极主动地从事农业，发自内心的热爱田园生活，心甘情愿地去农业院校学习。

实现这一前提的基本条件可概况为：体面的收入，尊严的生活。所谓体面的收入，是指农场经营带来的收入可以构成这个家庭的主要收入，虽不指望靠家庭农场成为富豪，但绝对要靠家庭农场过上中产阶级的生活，至少要与城镇居民收入均等。在美国，家庭农场的一般收入为10万美元左右，在中国，应该达到同样数字的人民币收入水平。所谓尊严的生活，是指从事农业要得到社会主流价值的认可，不应再有今天这样的农民身份带来的歧视，把农民一词的含义从“peasent”还原到“farmer”的应有本意，成为一个正常的、受人尊敬的行业从业者。

上面这两条其实是一般家庭农场存在的经济社会基础，在此基础上是青年人的兴趣选择和近在身边的城镇生活衬托。家庭农场绝不意味着一定是穷乡僻壤，而一般恰恰与城镇紧密相连，绝不影响青年在从事农业的同时享受现代城市生活。某种程度上，从事农业的年轻人要过上田园风光与现代都市双重享受的惬意生活。比如一个美国农场主骄傲地告诉采访他们的中国记者：“我们一年只有20%左右的时间花在土地上，20%的时间进行机械的保养维护，20%的时间是在办公室里研究市场，20%的时间是参加各种社团活动和旅游。”

（四）关于家庭农场的支持服务体系

家庭农场绝不是孤军奋战，也不是包打天下，更不是包罗万象。

所谓不孤军奋战，就是家庭农场的生产经营需要国家几大支持体系来保障，主要包括政策法律体系、科技创新与服务体系、金融支持体系、信息应用体系等，为家庭农场的生产经营活动提供稳定的政策环境、强大的科技支撑、有效的金融支持和丰富的市场信息。

所谓不包打天下，是家庭农场不可能也没有精力去将产业的产前、产中、产后系列环节全程包揽，其重点就是产中环节，产前、产后需要健全的社会化服务体系来支持，即使产中也需要社会化服务体系来配合。比如产前的农资供应、市场信息服务，产后的储藏、加工、销售，产中的农业机械协作、技术指导等。

所谓不包罗万象，是指家庭农场的主业要突出，不可能什么产业都涉及，再去重复小而全的传统家庭经营，而是专业化的从事某一两类产业的生产经营，在专业的规模化生产中取得应有的效率和效益。要实现这一专业化生产，必须有相应的专业合作社或行业协会来提供市场信息、技术指导、产品销售等方面的支持。国外的家庭农场一般都会加入合作社或行业协会。

在这个问题上，可以举美国与俄罗斯的正反例证来说明。美国，一般总是说美国200万农民就养活了美国人，还向世界出口了大量农产品，但不要忽略的是，美国为农业配套服务和提供支持的相关人员是农业从业人员的8倍，超过1500万人，同时还有数量巨大的农业补贴和健全的农业保险制度，这才是美国农业强大的根本原因。再看俄罗斯，历尽8年才得以通过议会审议的农地私有化法案，最终的实施并没有达到美国大农场的经营场面，更没有出现中国家庭承包经营后农民积极性高涨的动人场景，反倒是一些农民主动退回国家分给的土地，因为面积太大，无力经营，国家的支持与服务体系又不健全。

（五）关于家庭农场的专业与兼业

既然是家庭农场，必然是有规模的，在规模经营的条件下，再像传统的小农经济那样小而全显然是困难的，也可能是不经济的。但国外的家庭农场经营状况表明，兼业现象不同程度存在，主要取决于经营规模和产业的选择。

从经营规模看，小规模的可以兼业，因为精力还可以顾及；但大规模就难以兼业，只能专心从事单一产业生产。但这种小规模也与传统小农经济截然不同，传统的小农经济是因为劳动力无处流动，只能在有限的土地上进行无限的劳动投入，以期换得更多的产出；而小规模的家庭农场兼业更多是从市场经济的角度考虑的，兼或有生态可持续发展的考虑。

从产业选择看，那些与其他产业容易形成关联的产业，兼业的可能性大。比如种植玉米、饲料作物，天然地与畜牧养殖相关联，既从事种植业，又从事养殖业成为现实的可能，因为这样可以优势互补，畜牧养殖使饲料作物的附加值提高，而且还可以提供有机肥返回农地提高肥力；自产的饲料作物又能降低养殖成本，且原料供应便捷；家庭劳动力的人力资源也得以有效利用。

还有一些兼业行为是从产业链的延伸或深化发展起来的，比如休闲农业，美丽的油菜花只是油菜集中生产区的自然现象，但却成为城市人享受田园风光的良好载体，于是带动了油菜花旅游；再比如有山有水的家庭农场，因其美丽的自然风光，往往带动了乡村旅游等。

同时，还应注意到，农业的季节性决定，即使最专业的家庭农场也会有农闲时间，农闲期间家庭农场成员的选择是不一样的，有的可能去外出旅游，但有的可能出去兼职，从事非农工作。甚至在相当多的时候，家庭农场的成员会在从事农业生产的同时，长期兼职从事其他非农工作；再严重的，可能会把农业生产倒置成非农工作之外的兼职。这个界线是难以界定和规定的。

新农人要符合经济学与社会学机理

新农人是有理想的，我一点都不怀疑新农人为事业而付出的决心，也不低估他们为事业而做出牺牲的程度。但我想说，一项事业的长久发展必然要符合经济学与社会学的规律，要在经济学层面实现体面的收入，从社会学层面要实现尊严的生活。

新农人已经成为社会热议的词语，什么是新农人，各方说法不一，定义还需继续探讨，我仅就新农人现象谈些看法。

新农人的出现在某种程度上是必然的。发达国家的发展规律表明，当国民经济收入超过一定水平时，就会出现国民的休闲性消费，乡村旅游就会相应发展起来；而城镇化达到一定水平的时候，也会出现城市人口向乡村的流动，有暂时的，也有永久的。在我们国家，上述两种情形均已出现，伴随上述情形的出现，一批非社会身份的新型农业从业者注定也会出现，这就是新农人。到目前为止，某个企业家投资家乡什么产业，某个地方的大学生甚至海归返乡创业，某个知名人士为农村发展出钱出力，等等，已经逐渐不是新闻，第一批新农人的群体基本形成。

新农人具有明显的理想主义特点。从事农业能不能挣钱？可以的，但挣不了大钱，而且周期长，一时半会儿是挣不到。从事农业是不是比工业利润高或者市场更好把握？也不是的，农业的利润并不高，风险还比工业大。那为什么有一批非农民的要做“农民”？他们显然不是为钱而去的，有的可能是为了种植安全的农产品；有的可能是为了反哺落后的农业发展；有的可能是为了拯救失落的乡村文明；有的可能是为了从城市水泥森林逃离而享受田园牧歌的大美情怀；还有的可能是为了带动当地的父老乡亲致富；等等。但共同的一点，都有一些理想主义的精神在里面，有一种与“三农”难以割舍的人生追求，愿意为此而付出、而努力、而吃苦。

新农人要符合经济学与社会学机理。我一点都不怀疑新农人为事业而付出的决心，也不低估他们为事业而做出牺牲的程度。但我想说，一项事业的长久发展必然要符合经济学与社会学的规律。要在经济学层面实现体面的收入，虽不指望通过做新农人而成为富豪，但绝对要过上中产阶级的生活，至少要与城镇居民收入均等。从社会学层面要实现尊严的生活，职业要得到社会主流价值的认可，生存的条件要有明显的改善，把农民一词的含义从“peasent”还原到“farmer”的应有本意，成为一个正常的、受人尊敬的行业从业者。目前出现的一些重新扛着锄头、依靠人工搞生产的新农人我是不赞成的，新农人更多要作为经营管理人员的角色出现，否则只会吓退更多的想投身农业的年轻人。新农人一定要有与传统农民不同的现代的、创新的特征，但根本理念上却遵循着农业的基本规律。新农人依然也需要国家的扶持，在全世界农民都拿着国家补贴的情况下，中国新农人在这一点上也不必避讳，该国家补的要理直气壮地领，有国家政策的要积极争取，但不以套取国家补贴为目的，也以此为道德底线。

总之，做一个新农人，“前途是光明的，而道路是曲折的”；“路漫漫其修远兮，吾将上下而求索”。

做一个新农人的基本姿势

既然是新农人，一定要有区别于传统农民的新特质，我想至少应该表现在四个方面：一是要有新思维，不能再唱着昨天的歌谣。二是展示新形象，勇敢地喊出自己的名字。三是运用新载体，站在时代的台风口上。四是做出新示范，待到山花烂漫时，我们丛中笑。

新农人运动已经蔚为壮观，但必须认真弄明白三个基本问题：谁是新农人？新农人有哪些基本特质？如何做好新农人？

（一）谁是新农人

先说说我对“谁是新农人”的理解。这两年，兴起了一个新的上山下乡热潮，不过这一次和以前不一样，是主动的而不是被动的，有很多从农村出去、在城里打拼很多年的，又回到了农村，还有从城市来到了农村，他们的到来明显不同于原先农业的从业主体，从广泛的意义上来讲，不是传统农民的人、却在从事农业的人我们都可以叫“新农人”。

我归纳了一下，目前的“新农人”大体有四类人：一是自给自足型，以追求食品安全为目的，一般固定在一个小的熟人圈子中；二是回归田园型，逃离城市森林，享受田园牧歌，不讲求经济效益；三是改造农业型，带着理想追求，力图改变乡村面貌；四是谋求发展型，看重农业是朝阳产业，希望获得良好回报。我感觉，只有第三种类型才可以算得上真正的新农人。为什么？就自给自足型而言，他们主要是为自己；就回归田园型而言，依然是为自己；就谋求发展型而言，基本是商人思维；只有改造农业型，是有一些理想主义的精神，试图以创新来改造农业。如果要给一个真正“新农人”的定义的话，我感觉就是那么一群怀着深厚的乡土情怀，以理想主义的精神和创新思维去从事农业的人。他们当然要靠农业养活自己，但更多的是为了农业的改变。就目前的情况看，新农人一时半会不会担负起农产品生产和供给的主力军，但队伍在不断扩大，我相信将来一定会给“三农”带来新改变。

（二）新农人的基本特质

既然是新农人，一定要有区别于传统农民的新特质，我想至少应该表现在四个方面：

一是要有新思维，不能再唱着昨天的歌谣。我不知道大家注意到没有，2014 年的中央经济工作会议提出，要加快转变农业发展方式，走产出高效、产品安全、资源节约、环境友好的现代农业发展道路。我们国家的农业发展方针，从 20 世纪 90 年代确立的“两高一优”，即高产、高效、优质，到新世纪初确定的“高产、优质、高效、生态、安全”再到这次会上提出的十六字方针，已经是第三次调整了。这次提出的农业方针，数量上的提法取消了，而生态、经济方面的要求空前提高了，新农人必须对此做出敏感的反应，探索新常态下的新农业，把安全、可持续作为最重要的追求目标。但是，我反对极端的反转者，今天的转基因讨论已经没有科学意义，完全陷入道德上无休止的争论，由此导致的中国人对于转基因的恐慌已经严重影响了农业的发展，也影响了生物尖端领域的研究；我也不赞成刻板的复古者，即使有机农业，今天也要运用新方法、新技术、新机械，重新回到以人工为主要劳动力、以自然为基本生产力的时代，是不可能的，除非你有能力把城里的人重新拉到农村去。

二是展示新形象，勇敢地喊出自己的名字。自从工业化以来，“农民”这个词语迅速地跌落到历史的深谷，它不再是一个专有的职业名称，而成为一个带有歧视性质的社会群体词语，我们经常听到的什么农民思维、什么农民做法等等，基本与落后愚昧对等。更要命的是，自从马克思将农民形象地比喻为装进麻袋的一堆土豆之后，散落在田野村庄的农民基本上失去了自己的声音，而一个新的词语经常出现，这就是代言人。一个在中国多达八亿的农民群体，却需要那么几个有点良知的知识分子、名人明星去代言，这不是一种悲哀吗？今天，我们要做一个新农人，就应该为我们的事业而自豪，我们辛苦却很自信、沾满泥土却很阳光、困难重重却激情澎湃，我们大声地喊着自己的名字，我们是新农人，我们为自己代言。

三是运用新载体，站在时代的台风口上。互联网改变了世界，也在改变着农业。一个新媒体，给了我们自由发声、展示形象的平台；一个电商，让穷乡僻壤有了在信息化时代追赶世界脚步的桥梁，他可以让青年找到返乡创业的新领域，也可以让特色农产品走出深山老林，还可以让农村人享受信息化带来的生活品质提升。可以说，用心地、坚持地用好新媒体和电商载体，是每个新农人必须具备的基本功。在运用新媒体和电商运用的过程中，我们还很稚嫩，用的还不好，但这不是新媒体和电商的问题，而是我们还需要学习，坚持和互动，这样我们才可以做得更好。如果还有新农人苦恼于自己的声音不够强大的话，那么坚持下去吧，这个词一句顶一万句。

四是做出新示范，待到山花烂漫时，我们丛中笑。农村还很贫困，农业还很落后，农民还不富裕，新农人就是要以自己的所学所识，让农业农村的面貌发生新的变化。新农人的出现，绝对不是替代现有的农民，而是错位发展，给农民带来新思维、新理念、新方法、新技术、新载体、新平台、新出路。新农人做的所有的一切，都是为着改造农业、改变农村、造福农民而去的，新农人的发展也将在“三农”的发展中实现发展，新农人的成功也最终体现在农业农村的改变上，新农人的价值也最终体现在农业农村的改变上。要做好这样一个新示范，我们必须抓住品牌农业这一有效抓手。品牌农业可能很复杂，但是第一个要做的是，必须打出自己的品牌，品牌就是人名，然后才是品牌营销，品质的管控，产业链的建立。今天我们不仅要种出好的产品，更要讲出好的故事；讲出好的故事，还要触及得到消费者的痛点；触及了消费者的痛点，还要让顾客在得到好产品的那一刹那尖叫。一个好的农产品品牌，一定是内在品质与外在品质的完美结合。

（三）如何做好一个新农人

如何做好一个新农人，我有四点建议：

一是做好结合。结合才会写出大文章。先做好理想与现实的结合，多少丰满的人生理想遭遇着骨感现实的冰凉，今天很艰苦，明天更困难，但后天很美好，我们绝对不能倒在黎明的前夜。活着是新农人的第一要义，尊重经济学与社会学规律是新农人的基本准则，公益思维对于农业不是可持续的理念。为什么这几天大家对“任小米”有争议？因为在以公益的名义营销，而爱心是不能消费的。如果有机会，我希望大家看一本叫《一根萝卜的革命》的小书，看看公益应该如何与经济结合去做大。要把握好未来与现在的结合，罗马不是一日建成的，新农人的事业也需要若干个三年计划、五年计划。要注意创新与专业的结合，不是所有的新东西都可以在农业上实现，特别是工业化的思维，既要新的形式，更要不变的农业内涵，特别是在农业专业的领域内，要更多地遵守农业规律。就像牛是不可以吃肉一样，否则会得疯牛病，勇于创新不是异想天开。

二是做好融合。今天流行着跨界，跨界的本质其实是产业、思维、方法等方面的融合。随着经济社会的发展，农业的多功能性空前延伸，农业与文化、与旅游、与教育等产业深度融合，新农人应该运用好产业融合的思维。以当前最为热门的互联网农业为例，互联网高大上，农业像屌丝，却在三个层面积极融合：第一个是互联网技术深刻运用的智能农业模式，第二个是互联网营销综合运用的电商模式，第三个是互联网与农业深度融合的产业链模式，而且这三种模式呈现梯次推进的状态。

三是聚合。三人方能为伍，这个时代的创业，留给单打独斗者的机会正在减小，尤其是创业领域。一个新农人的崛起过程，肯定是一个团队集体成长的过程。如果要让自己的事业长久，还是选几个志同道合的伙伴吧。就像农产品电商这样的新领域，即使不能请来专业人士，那些临时组合的“父子兵”“夫妻店”“兄弟连”“女人帮”也正在演绎着奇迹。更何况2014年还出现了“F4”这样新潮的新农人团队。

四是联合。正所谓众人拾柴火焰高。虽然每个新农人都可以像“土豆姐姐”一样唱着动人的民歌，告诉大家，我正愉快地走在乡间的小路上；但这些还不够，我们需要集合起来大合唱，高歌《我们走在大路上》。新农人联合会的成立就是一种很好的形式，给大家搭建一个学习交流、共谋发展的平台。如果没有新农人联合会，也就不会有“十二个苹果”这样鲜活的案例。我相信，联合还会带给新农人更多的惊喜。

最后我想说的是，每一个伟大事业的开创都会面临坎坷的路途，我们所能做的，就是“路漫漫其修远兮，吾将上下而求索”。

新农人的“三大纪律八项注意”

所谓新农人的“三大纪律”，一是要严守经济“纪律”，不遵守市场规则走不远；二是严守生态“纪律”，不遵守自然规则干不成；三是严守社会“纪律”，不遵守社会规则做不好。所谓新农人的“八项注意”：一是要争取政策，但不能光靠政策；二是要不怕风险，但不能不防风险；三是要目光长远，但不能倒在当下；四是要明义淡利，但不能为钱所困；五是要意志坚定，但不能一味任性；六是要货真价实，但不能坐等市场；七是要开拓进取，但不能放松管理；八是要尊重人才，但不能独享未来。

新农人这个群体，虽然概念与内涵至今尚无定论，但无论是汪向东老师等人赋予新农人的时代定义，还是阿里研究院基于电商进行的新农人分析，都表明这个群体已经蔚为大观，走上时代舞台。有了新农人，也有了新农人的大体标准与特征，如何做好新农人就是需要进一步探讨的问题了。我想借用“三大纪律八项注意”这个名词，给新农人的实践提些建议。

（一）“三大纪律”

所谓新农人的“三大纪律”，一是要严守经济“纪律”，不遵守市场规则走不远；二是严守生态“纪律”，不遵守自然规则干不成；三是严守社会“纪律”，不遵守社会规则做不好。

一是严守经济“纪律”，不遵守市场规则走不远。现在农业投资很热，但也带来一个争论，一方面是资本认为农业机会很大，另一方面有的专家在讲，农业是公益性的，不适合投资。做农业这事，难道不符合市场经济规律？先看一个现状，从 2009 年的网易投资养猪到后来的恒大农业出炉，资本对农业的热情一如既往，而且在资本下乡的过程中培养出了“褚橙”“柳桃”“潘苹果”这样外来的植入性农业品牌。但是付出的代价也是很明显的，比如有文章说三千农业电商无一盈利——当然这个说法是有些极端了，还是有一些盈利的，但大部分在亏损也是事实。投资农业的热情像灼热的火焰，而农业的反应却像冰冷的海水，农业到底有没有商业价值？其实双方说的都对，如果按照一定的规则来讲，农业是有机会的；如果不讲规则，农业肯定是陷阱。不能说农业没有公益性，从国家的角度看，农业肯定是纯粹的公益性，但新农人得依靠农业活下去，这是基本定位，有情怀是必须的，挣钱也是必须的。做公益与挣钱能否鱼和熊掌兼得呢？我建议大家看一本书，叫《一根萝卜的革命》，有机农业协会的实践可以告诉你，经营做好了，公益也就能做好。

既然说新农人要靠农业活下去，那么我们就必须反思新农人目前在市场面前存在的一些问题。第一，有产品，但是没商品；第二，有好东西，但没人知道；第三，能生产，但是不会卖。卖是我们目前的短板，更不要说农业自身的特殊问题，如不是看卖了多少还要看烂了多少，等等。这些归结起来，就是说我们在市场面前的能力还不够。所以，我想讲一个观点，找市场，大问题；搞生产，小问题。为什么种啥的没有卖啥的挣钱呢？核心的问题是产业链没能打通，所以需要搞“1+2+3=6”，也就是目前热议的“第六产业”。

二是严守生态“纪律”，不遵守自然规则干不成。农业这个事儿，虽然叫农业经济，但遵守着自然与生态的规律，不遵守自然规则是肯定干不成的。但现在我们恰恰是常识出了问题，常识出了问题是要害死人的。最根本的一个常识，农业不是工业，农业的本质是一种自然生产。人类为农业所做的工作，都是辅助性的，施肥浇水防治病虫害，无非是想提高作物的光合效率，增加目标产出。如果违背这个规律，就要付出代价。比如现在属于人造小气候的大棚，是可以让水果提早或推迟上市的，但是你要苹果一年结两次果，那是不行的。所以，搞农业这个事，要看天的脸色，看植物动物的心情，要有对自然的敬畏之心。而我们经常讲的“一方水土养一方人”，其本质上是一方的土地产出一种当地特色的物产，这些物产然后养活了一方人，这也是一个基本常识问题。

三是严守社会“纪律”，不遵守社会规则做不好。搞农业不仅是个经济问题，也不仅是个生态问题，还是社会问题。地是农民的，劳动还得靠农民，农民不挣钱你肯定也挣不了钱。现在订单农业老出问题，不守诚信的订单违约现象反复上演，企业和农民往往都有责任。比如曾经有一个刀豆出口事件，企业因为农民交来的刀豆长度不符合标准而拒收，农民认为企业违约拒收而上访，问题的症结在标准的理解与执行有问题。企业一定要讲清楚标准，还要看农民能不能执行下来，这一事件教训很深刻。我经常给做农业的讲，农民不傻，还很现实，花言巧语农民是不会听的，从某种程度上讲，与农民的关系决定了做农业的生死。

（二）“八项注意”

所谓新农人的“八项注意”：一是要争取政策，但不能光靠政策；二是要不怕风险，但不能不防风险；三是要目光长远，但不能倒在当下；四是要明义淡利，但不能为钱所困；五是要意志坚定，但不能一味任性；六是要货真价实，但不能坐等市场；七是要开拓进取，但不能放松管理；八是要尊重人才，但不能独享未来。

一是要争取政策，但不能光靠政策。有人讲，农业像中国的股市一样，是一个政策市。国家给的政策好了，农业就好办了。所以，好多做农业的，整天在琢磨政策，跑项目。我的态度是：争取政策正大光明，该享受的必须享受，理直气壮，但是我们必须把政策与我们的事业的关系处理好。我们是为了自己的事业而去争取政策，而不是为了政策去做农业。用陕西特色的一个比喻来形象说明，要吃油泼面，肯定放上一勺油泼辣椒是最好的，吃起来香；但如果说你是为了吃那一勺油泼辣椒，把吃米饭改成了吃面条那就麻烦了。现在，好多人绞尽脑汁在跑政策，问政策在哪里，其实政策现在基本上都公开了，信息就在各个部门的网站上。只要是涉农部门，基本上都有政策，像农业、林业、水利、扶贫这些农口部门，还有财政部门的农业综合开发，国土部门的耕地质量提升，甚至工商、商务部门都有农村项目。要争取政策项目，首先要从自身的实际出发，第二是提早准备。往往报材料的时间就是十天半月左右，等你到跟前了才准备，哪能跟得上？比如有的要规划，做一个规划要一个月才能出来，根本赶不及。套项目的事，最好别干，掂量好自己长袖善舞的本事，想好相关风险，不然，轻则偷鸡不成反蚀一把米，重则赔了夫人又折兵。

二是要不怕风险，但不能不防风险。农业风险太大。以前我给人家讲农业有三大风险，后来我越总结越害怕，发现风险远多于三种，而是至少有九种：自然风险、疫病风险、市场风险、政策风险、政治风险、社会风险、决策风险、管理风险、技术风险。比如说自然风险，工业是没有的，刮风下雨、冷热干湿，农业都要受影响。再说疫病风险，工业上的机器可能会出点问题，但不传染，可是禽流感随时都有可能传染，防不胜防。再如市场风险，工业也有，但农业更要命，因为你的产品要保鲜，几天卖不掉，就只剩下翻入地中做肥料了。再比如政策风险，你刚养上猪，结果国家补贴政策取消了，收入就少一块。政治风险，前面的县长把你招来让你种葡萄，再换一个县长让栽核桃，你能调整得过来吗？不调整，原先定的项目资金没有了。社会风险，其实就是农民的道德风险，这个相信大家已经吃了不少亏。决策风险，刚做得差不多，一把押上新项目，可能就大赢也可能就大输，输的往往就会很惨。管理风险，找对人了，事半功倍；没找对人，事倍功半。技术风险，没成熟的千万别大规模推广，这种损失也很惨重。

三是要目光长远，但不能倒在当下。要长短结合。目标要长远，但是你不能倒在当下，我们现在的第一任务是活着，只有这样才能迎接更为残酷的明天后天，但是大后天太阳会很灿烂，必须等到这一天。所以我建议要两手抓，一手养奶牛，一种栽梧桐。养奶牛就是解决现成的问题，得有人养着你啊！无银钱难倒英雄，没有现金流，农业做不下去。不管你搞农产品贩运，还是当经纪人，还是其他的途径，得有现金流。在此条件下，栽梧桐可以长远点，甚至前人栽树后人乘凉都可以，甚至像联想那样说，多少年我暂时不靠农业挣钱。最担心的是，有的拿身家性命去赌农业，这个赌不起的。

四是要明义淡利，但不能为钱所困。倒在黎明前，这是最大的悲剧，资金链断了是重要原因，为什么会这样？一般四个原因：一是投资概算搞错了，按照工业那一套搞的预算，在农业都没法实施，好多压根不知道农业要占多少流动资金；二是投资周期估短了，工业是一年资金周转多少次，而农业有的是多少年才周转一次；三是融资的难度想轻了，农业到今天为止抵押不了，所以贷款就很难；四是政策预期落空了，这个县长承诺的，那个文件明确的，结果最后就是没有到位。

五是要意志坚定，但不能一味任性。有人讲，创业就是一场修行，既然是修行，就充满了反思甚至反复。我们可以相信从事农业的道路是正确的，但是我们不能对自己从事农业的方法过于自信。有的时候，你得理解什么叫“当春乃发生”，机遇未到，先锋往往变先烈。比如生鲜电商，前面探索过的三代模式，1.0 版本、2.0 版本、3.0 版本，基本上都失败了，时机没有成熟，模式不完善，只能过早的结束了。所以，我们对已经过气的东西就不要再迷恋，好多人现在还在想着小型农业平台的美好生活，但现在确实不是你们盛开的时候。再补上农村人的一句话，听人劝，吃饱饭，也不一定听人上门劝，主动听听大家的，看看别人的，且行且提升。

六是要货真价实，但不能坐等市场。这两天我在微博上说了一句，酒好不怕巷子深的前提是，你的酒好事先大家已经知道好，所以才往巷子钻，已经养成消费习惯了；如果只说自己酒好，没人知道，那守在巷子里面可能就是等死。如何吆喝是门大学问，你看宁夏枸杞营销这个案例，大家开始讲地域品牌的时候，人家讲小产区；大家都跟着讲小产区，人家又玩上头茬的概念了；等大家再跟上时，黑枸杞又横空出世了。再比如搞农家乐，现在往往不土不洋、不伦不类，改进的方向，要么得土得掉渣儿，很传统；要么洋得很现代、很时尚。你看台湾那个农家乐，外面像草房子，里面一看，Wifi 呀、空调什么的，都有，特别整洁，特别是那个厕所，绝对是五星级的；而再看我们的，好多农家乐上一趟厕所后就不想再吃饭了。当然，说根本，我们还是要回到市场的轨道上来。都说农产品没标准，确实要承认按工业标准来看执行确实是不行的，但是你起码得有一点标准，不能光说我是靠良心生产，最后还得有品牌，这可能是最终的竞争力，不能拿你的人品担保一辈子。

七是要开拓进取，但不能放松管理。我们现在大踏步地开拓事业，但是不能放松了管理。我经常给那些农村青年致富带头人讲，能不能搞好管理是土包子与现代企业家的分水岭。咱不能再当诸葛亮，事必躬亲，事业都到了数百万上千万的层次了，还是一支笔，没有什么职业经理人没有管理团队，怎么能走得远？诸葛亮是累死的，你还想累死吗？我总结，干一般事业，小的时候，靠能力，特别是领队人物个人能力，你可以经营得很好，但是事业大了的时候一定是靠管理。超过五十人的团队一定会产生科层体制，咱们现在的老板们有几个能有朱元璋那么能干啊？不能对自己的能力太自信。有些企业在同时期同体量起步，但后来差距越来越大，就是管理出了问题。管理的问题核心是人，不是其他，一定得琢磨透。还有管理的心理新常态问题，就是做到一定程度就必须认识行业平均利润率的现实。利润好的事，你可能抢先干，但不可能独占很长时间。比如说养猪，基本上现在已经是常态化了，利润很薄，得靠规模取胜。

八是要尊重人才，但不能独享未来。现在都在讲要留住人才，但是我们不能不想人才的未来啊。你说你很重视人才，可你的股权一点都不舍得给。一般说，留人三种办法：待遇留人、感情留人、事业留人，待遇是表面，感情与事业更重要。我觉得现在恰恰是在这后两个方面上有了问题，没有深厚的感情，也不能给未来的事业，人才怎么会留下呢？我遇到一个养猪场老板很苦恼，待遇一直在涨，人才还是要走，我说你根子问题就出在没有后两条，他跟你干，永远是伙计。现在随着阿里巴巴等一批互联网电商企业的上市，一个新词深入人心，这就是新型合伙人制，股权那才是最终的未来。阿里巴巴上市的影响不是因为马云一个人成了千亿富翁，关键是马云的团队一下子出了数百个亿万富翁，这个时候大家才愿意跟你干啊！所以我说，今天企业的管理机制要从传统的“刘邦拜大将”转为“梁山好汉聚义”，刘邦拜了大将，自己做了皇帝，大家得跪一辈子；而梁山却是大块吃肉，大碗喝酒，大秤分金银，这样好汉才会上山。

已经上路但路还长

——新农人组织的问题与建议

新农人组织出现的三个基本问题：还是太急躁了；还是太浮躁了；还是太粗糙了。我对新农人有五条建议：学习、抱团、活动、练兵、规范。

新农人这个词到今天也接近约定俗成了，从最初的新概念到实践中接近百万人群体（阿里研究院数据），新农人运动形成了农业现代化进程中的重要新现象。总体看，成绩是有的，问题同样也是有的。把问题点出来，更有利于今后的发展。

（一）出现的三个基本问题

第一，还是太急躁了。“唯快不破”“出名要早”等互联网时代的口号严重影响了新农人的心态。有的出道几天就想成名，有的做了几天就想发财，总是静不下心，沉不住气。但必须提醒的是，一个大学生可能靠一款 APP 就能赢得风投，一夜暴富，但农业几乎不可能。小麦总是要长够 200 多天才肯成熟，而苹果的盛果期总得七八年才能达到，再牛的技术也不可能让母牛一年生上两胎，这就是农业，本质上与工业根本不同，必须尊重自然规律，放好心态，慢慢来。

第二，还是太浮躁了。有的在微博、微信上，在各类活动场合上，总是说了很多，但实际做得很少，根本经不住实地查看，徒有虚名；有的媒体宣传很猛，促销措施超强，就是产品质量一般，根本经不住客户的评价，华而不实。凡事总要明白一个道理，什么是本，什么是末，拿不出实实在在的好东西来，一切外在的东西也白搭。

第三，还是太粗糙了。新媒体的运用还很初级，有的整天在微博上卖产品，动不动@一大批人，指望着转发换流量，别人的事情一点也不关心，也不与粉丝互动，根本没有真实的影响力；微商都到了2.0时代，一些人还在粗暴地刷屏，动不动群发广告，引来一片反感。有的产品质量控制很有问题，标准不过硬，包装太粗糙，物流不给力，一些爱心销售最后都变成了伤心往事，很影响新农人的形象。比如说包装的问题，看一下现在农产品展销会带来的样品，大多数依然逃脱不出非红即绿的传统农产品包装窠臼。但我想告诉大家的是，这样的东西过节送送礼还行，真正作为网货销售是很难卖得动的。因为网购的主力是80后、90后，他们对这些传统的东西很不感冒，而在网上大卖的三只松鼠竟然用的是我们根本不敢用的森林灰这个主色调，其中的商业机理我们一定要琢磨。还有的，运营管理很粗放，团队的专业人士没有，内部运行没有章法，离一个规范的经营主体还差得很远，等等。一些人埋怨网上卖不出去，新媒体上没有人理，根本的原因是不会玩，玩不好。

（二）如何在今后做得更好

前面肯定了成绩，也点出了问题，但总体看，这也是成长过程中必须经历的一个阶段，只要努力向前，一些问题还是可以克服的。我对新农人有五条建议：

一是学习。必须认识到，新农人是跨界的，至少横跨了农业、互联网和市场经济三个界，不好好学习，是很难打得通的。联想农业的老总陈绍鹏在总结佳沃发展的经验教训时曾说，很重要的一条是复合型人才太少，联想不缺互联网人才，也能请得来大牌农业专家，但把互联网与农业融为一体的通才太缺了，这导致公司的战略难以实施到位。新农人面临的问题也一样，有的地方不明白，有的环节不专业，有的想法办不到，面临各种制约和短板，发展总有一种无力感，应对的办法只有一条，加强学习。比如说，在互联网思维的问题上，是当工具用，还是当思维方式用？我的看法是，互联网可以当工具，但用好这个工具的过程就是互联网思维。什么是互联网思维，各类表述满天飞，最核心的一条是用户思维，不是要卖给用户什么，而是要看用户需要什么，如何去满足。再比如说微商的问题，必须明白一点，微信是社交圈，大家希望看到的是生活而不是商业，不是熟人就不会信任，不信任就不会发生实质的商品交易，那些刷屏完全是违背微商基本机理的，最终只有被拉黑。要做好微商，先从塑造好朋友圈的形象开始，再从用心的分享做起，最后再说产品的转化。

二是抱团。长期以来形成的“宁为鸡头，不为凤尾”的思想对于新农人的发展是有害的，“卖白灰的见不得卖面的”这种狭隘思维更是要不得，市场大得很，不能在一个小圈圈里搞自我竞争，要抱团走出去，多做增量市场才有空间。人人都自己动手干，同样是值得商榷的。是不是人人都搞了自己的网店才算做了电商？不是的，在淘宝村里面，可能只有百分之十几的人开网店，而其他人在做电商服务和产业配套，一样发展很好。自己生产出好东西，让懂电商的人帮你卖出去，同样达到了目的还不累。新农人联合会就是要搭建这样的平台，让大家优势互补，各自找到最擅长的位置，形成最优组合，最终更好地走出去。即使都做着一样的事情，帮衬更重要。记得有人给我讲浙商精神，很重要的一条就是抱团取暖，听了很受启发。按一般人的理解，我如果先在某条街开了餐饮，别的人再来就是对手，但浙商不这么看，而是欢迎加入这个行列，帮你干，然后再找些人来，共同把这条街打造成餐饮一条街，吸引更多的客流，大家一块实现发展。我们的新农人应该在这方面很好地学习借鉴一下。

三是活动。协会协会，协同发展，经常会会。活动是协会的生命力。

现在各类协会满天飞，大多是成立时开个会，入会时交点费，然后就悄无声息了，好多时候大家不想入会，不愿参会。新农人联合会的成立是大家的期盼，大家想加入，更盼望着起作用。所以，协会的活动必须经常化，月月有沙龙，季季有活动，媒体有声音，平台有展示。不要寄希望于每次活动都来很多的人，也不必苛求每次都圆满，只要保持较高的活动频次，给更多的会员提供参与机会，提供服务，这个协会才能赢得大家真心拥护。

四是练兵。不管什么组织，核心在人。要有好的领导人，要有精干的管理人，要有源源不断的后来人。人才兴旺，组织才能发达；协会将来发展好不好，要看将来人才多不多。必须开门办协会，广纳英才，甚至不惜礼贤下士，请一些能人来。现在光有一个土豆姐姐是不行的，一花独放不是春，百花齐放春满园，协会的其他骨干也要加速成长，走向前台，释放更多的好声音、正能量。江山代有才人出，协会组织也要保持流动性，像大浪淘沙一样，注意定期进行领导层的改选更替，保持一池活水。

五是规范。国有国法，家有家规。联合会是一个组织，就要有自己的规矩。把协会自己先规范起来，尽快在民政部门正式登记注册，尽快找一个固定的办公场所，尽快明确几个相对有精力的工作人员，像个正规的组织。把各项规章制度逐步建立起来，得有一个组织成员名单，有一个议事规则，有一个经费筹措办法，这都是最基本的东西。最关键的是，做好会员的服务，现在一年开一两次会、办几次活动是初步的，大家还有很多具体的问题有待解决，比如说如何更好地申报项目，如何解决融资问题，如何更好地联系电商平台等，下来要做的还很多，也需要一步一步来。但只要前进着，这个组织就有希望。

要与农民协同而不是替代农民

——对大学生村官创业的几点建议

拿着“工资”找罪受？与农民比干农活的手艺，大学生村官怎么比得过？显然，这样的创业有误区。大学生村官创业应该如何定位？一般的大学生村官创业应该立足于示范带动，就是做给群众看，带着群众干，在创新创造上发挥作用。

大学生村官是目前农村创业比较活跃的群体，也是正在形成的“新农人”群体的重要组成部分。在农村创业，能够发挥大学生村官有知识、路子宽、思想活的优势，对于提高自身、带动农村发展都有着积极意义。但在农村调研中发现，大学生村官创业的成功率并不高，一些大学生村官创业甚至“屡败屡战”，虽然精神可嘉，但付出的代价让人痛心。所以，大学生村官创业之前要想清几个问题。

（一）拿着“工资”找罪受？大学生村官创业应该如何定位

与普通农村青年在农村创业明显不同的是，一般农村青年创业是为了改变人生的命运，增收致富成才；而大学生村官却是拿着国家岗位补贴的特设岗位人员，虽然不是正式公职人员，但大多数将来还是要流转的，更重要的是大部分不是当地人。这样就带来一个问题，村上的老百姓会问，大学生作为拿着国家“工资”的人，创业到底为什么？这是一个必须想清楚的前置问题。我的看法是，除过已经决心立志于扎根农村、长期在农村创业的大学生村官之外，一般的大学生村官创业应该立足于示范带动，就是做给群众看，带着群众干，在创新创造上发挥作用。具体可以考虑以下定位：

一是可定位于新技术、新品种的引进、示范。农村人普遍怕冒风险，对于新事物一般也比较谨慎，大学生村官视野开阔，信息灵通，敢闯敢试，可以在这方面大胆尝试。

二是定位于新信息的收集与新市场的开拓。农业发展到今天，生产的问题不大，但销售的问题很大，经常面临“卖难”问题，“多收了三五斗”的悲剧频频上演。大学生村官创业，要在这方面做一些普通农民做不了的事，当好“顺风耳”“千里眼”，让农民知道种什么，卖到哪里去。

三是定位于新渠道与新组织的创建。就是要在农村现有生产销售体系之外再作些创新，一个方面是电商，通过网络销售的形式让乡村的土特产卖个好价钱，卖到更多的地方去；另一个方面是合作社，领办、创办一批真正有活力、能实现“抱团取暖”目的的合作组织，共同闯市场。

（二）与农民比“手艺”？大学生村官创业应该侧重哪些领域

好多大学生村官创业，直接像农民一样包了一块地，搞起了种养殖，结果精力不够，技术不过关，特别是做农活的手艺与农民相差很远，不仅创业难成功，甚至还为农民所取笑，与农民比干农活的手艺，大学生村官怎么比得过？显然，这样的创业有误区。

除过要在农村“长期作战”，否则直接从事生产环节会带来好多问题：一是农业生产周期长，担心熬不住。村干部一届才三年，农业项目往往需要三五年才见效，对大学生村官的耐力是一个考验。二是大学生村官要流转，产业转让很麻烦。如果铺开了摊子，却考上了公务员或者因为结婚等原因要离开，是一件比较麻烦的事，因为产业做半截，别人没法接，接了也很难给予好的补偿，经济上有损失。三是村民服务还要搞，精力确实顾不及。农业生产具有明显的季节性，农忙时节往往龙口夺食，只争朝夕，喘息的机会都没有，搞了自己的“一亩三分地”，村上的工作肯定有影响，村民也会有看法。所以，要选适合大学生村官发挥优势的领域，重点在产前和产后。

产前方面，核心是信息收集、放心农资团购、订单农业对接等。比如说，去年大蒜价格大跌，今年还敢不敢种，可以收集信息帮助农民分析一下。农资市场混乱，能不能走出去，以合作社的名义与大的渠道商谈谈，为农民集中买些质量好价格还不贵的农资来。如果能找一些龙头企业，提前与农民签订生产合同，更能从根本上缓解农民的市场恐慌心理。我看到一些成功的大学生村官创业者，往往在这方面发挥了好的作用，受到群众欢迎。

产中方面，主体是农民，但大学生村官同样有可为的空间。比如生产过程中的技术指导，大学生村官可能自己不懂，但知道用网络等现代手段帮助农民搜集技术知识再讲解给大家，还可以发挥“飞毛腿”的特长，去请专家现场来指导。至于生产中间出现的停电断水缺机械，大学生村官还可以做一些协调对接工作，为大家做好生产性服务工作。

产后方面，核心是贮藏与销售。能在第一时间把丰收的果实卖个好价钱，是最理想的，也是发挥大学生村官能力的最好领域。我所看到的大学生村官典型，在这方面用心最多，也最受农民拥护。有的大学生村官能想着与城市社区的大学生村官对接，把好的农产品直接卖给市民，少了中间环节，收益明显增加；有的大学生村官能通过网络发布信息，赢得采购商的青睐，把滞销品变成畅销品；还有的自己当推销员，四处奔走，让人感动。对于长期落后的农产品贮藏技术问题，大学生村官也可以发挥特长，请专家指导，争取相关项目，减少腐烂损失，有的还开发了初级加工品，实现了增值。

（三）现实总是很骨感？大学生村官创业如何提高成功率

大学生村官在农村创业，大多从事农业相关产业，最需要农业相关知识与技能，但遗憾的是，目前的大学生村官群体中，有农业相关专业背景的不足10%。根据我们的调查，大学生村官创业的三大门槛是资金、技术与项目，前者是制度性制约，需要政府给力，政策优惠；后两者则是自身专业素养不足，需要努力提升。大学生村官创业既是个人的选择，也是群众的期盼，需要把理想与现实结合起来，努力提高创业的成功率。关键是把握好五个方面：

一是创新。就是要敢想，跳出传统农业的思维，善于运用现在流行的互联网思维、文化创意，把农产品变得时尚起来，更加符合市场的需要，更能引起市场的关注，努力让“土疙瘩”变成“金蛋蛋”。比如同样是在网上卖干果，三只松鼠公司卖得最好，关键是企业的品牌形象“三只松鼠”十分可爱，整体包装设计及文化宣传都用松鼠的角度来展示，特别受年轻人喜欢。好多农产品卖不出去，不是品质有问题，而是营销形式太落后，大学生村官在这方面要开动脑筋。如果大学生村官创业还是与农民的产业套路没有两样，那还不如不做。

二是坚持。农业与工业相比，最大的差别在于周期长。果树需要三到五年，一般种养也需三年左右才能见效，一个合作社的创办没有两三年正规不起来，等等。正所谓欲速则不达，急是没有用的，只能按农业的规律办事。这就考验着创业者的耐心与韧劲，特别是在面临困难和挫折的时候，越发需要坚持。现在大家都爱听励志故事，从现在最红的马云到重出江湖推出“褚橙”的昔日烟王褚时健，他们共同的特点是坚持。

三是专业。专业的事要按专业的要求来做，这是最基本的道理。种植业与养殖业是不一样的，养猪与养牛也是不一样的。就是同样长在大棚里，黄瓜与西红柿的管理也是不一样的。如果说现实总是残酷的话，那么就残酷在农业细分到如此的程度，技术复杂到如此的程度，必须下功夫学习，找书本，拜专家，向农民请教，学理论，学实战，争取成为行家里手，才能保证创业项目顺利实施，还可请专业的人士来指导或加入，否则创业是十分危险的。

四是团队。现在的创业已经过了简单从事生产的环节，必须紧盯产业链的动态，生产什么，怎么生产，如何销售，涉及多个环节，一个人包打天下是十分困难的。组成一个创业团队，把不同特长的人聚集在一起，群策群力成功才更有保障，越来越多的现代合伙制企业，其实质上就是团队创业。在2014年的全国青年涉农创业大赛中，进入决赛的几个大学生村官创业项目，无一例外地都有团队来支撑。所以，要想创业成功，就得找几个志同道合的帮手，一起谈理想，一起碰撞思想的火花，一起分工又合作，一起打拼出新天地。

五是风险。风险对于农业而言似家常便饭，不仅种类远远多于工业，而且程度远远重于工业。初期我以为主要是两大风险，即自然风险和市场风险，可随着实践总结的深入，我发现农业的风险远远不止于这些，现在已经可以归纳为9种，所以，做农业不仅要看长得怎么样，更要看最后能收多少。比如自然风险，刮风下雨、旱涝冰雹、低温寡照，这些大自然经常上演的现象工业是不考虑的，而农业却实实在在地经受着影响，轻则减产降质，重则颗粒无收。再比如疫病风险，既然动植物是生命，就不可避免地出现疾病，也可能轻度损失，也可能减产绝收，而工业也是没有的。再比如市场风险，虽然工业也有，农业却比工业的更难预测，更难对付。工业品实在卖不动还能放在仓库等时机，可怜的农产品因为是鲜活的，只能低价处理或干脆就烂在地里。再像什么技术风险、决策风险、与农民合作中的道德风险等，不得不防。

总之，农村是广阔天地，大有可为；农村创业前景光明，但道路依然曲折。要想作一个有理想有抱负有作为的大学生村官，创业之路注定不会平坦，要把一腔热情与农村农业的实际结合起来，坚持仰望星空、脚踏实地，在实干中创造人生辉煌。

社区支持农业：透过云彩的一缕阳光

透过云彩的阳光照在大地上，很漂亮，毕竟不是阳光普照。社区支持农业（CSA）模式基本“不走寻常路”，是特色产品，交易量也不会太大，可以作为一种补充性农产品流通体系，满足城市食品安全追求和乡村文化体验需求。

想就社区支持农业问题的现状、定位、瓶颈、前景等几个问题谈些个人的看法。

（一）关于社区支持农业的现状：天边飞来金丝鸟

社区支持农业（CSA）是一个舶来品，也是城乡关系演变到一定程度的产物。随着我们国家进入中等收入发展阶段，城市消费者进入温饱足而求质量、选择多而难放心的状态，CSA 应运而生。与原来的农村供应城市不足，CSA 是城市倒着找回农村。

CSA 给传统农业带来了新气象。实际上农业一直在演变，到了今天，有三个重要突破，一是农业的功能得到了拓展，至少从传统的食物保障向原料供给、就业增收、生态环保、文化传承等方面转变；二是农业的从业者构成也不断复杂化，搞农业的不一定是农民，出现大量非农民群体；三是农业要素的外部特征不断凸显，最明显的就是资本下乡。在这种情况下出现的 CSA 模式，实际上集经济、社会功能于一体，可以说是市场交易模式，也是一种生产方式，还有丰富的社会文化内涵。在某种程度上，CSA 也可以理解为，是对以工业化、城市化为代表的现代主义的反思与纠正。

那么在 2012 年的农产品滞销中，CSA 是一个亮点，在农户与市民直接对接的路径上进行了开拓，已经取得了良好的效果，发挥了一定的作用（道义大于促销效果，还未形成主渠道功能），也形成了良好的社会影响。

（二）关于社区支持农业的定位：透过云彩的一缕阳光

透过云彩的阳光照在大地上，很漂亮，然而毕竟不是阳光普照。正如中国象棋的术语，“车有车道，马有马路”。个人理解，CSA 的存在，最大的理论基础是符合市场的细分需求理念，满足特定的人群需要，由特定的人群生产，目前是一个相对封闭的生产消费系统。所以，CSA 的模式基本是“不走寻常路”，肯定是特色产品，不会是大宗农产品，交易量也不会太大。所以可以作为一种补充性的农产品流通体系，满足城市消费群体对于食品安全的追求和乡村文化的体验需求。

CSA 的最大优势是信息的对称性，生产与消费者以信用为第一前提，更融生活方式于其中，在市场交易中体现出一种乡村文化乐趣，有农业劳动体验的快乐，有农家生活体验的快乐。

（三）关于社区支持农业的困境：成也萧何，败也萧何

中央现在讲“四化同步”，我感觉信息化对于农业是最大的短板，一个是信息基础设施落后，二是信息量不足，可能有了信息高速路，但跑的信息“车辆”太少，最终导致信息高速难以运行；三是信息技术运用不足，农村的“386199 部队”很难用上学会信息手段，更不要说主动运用。

对于社区支持农业而言，核心还是信息问题；起步的时候优势在信息，发展壮大的时候瓶颈也在信息。因为信息有自己的半径，超过一定的范围，信息的传导会失真，信用的基础就会遭到破坏，CSA 存在的现实也就不复存在。所以，个人感觉，CSA 再往前走，信息还是最大的问

题，当达到一定规模，超出一定范围，信息不对称的问题同样会出现。同时，还有规模扩大后的物流与冷链支持问题，在目前要么难以配套解决，要么成本很高，交易费用让人难以承受。

（四）关于社区支持农业的前景：待到山花烂漫时，她在丛中笑

看了一些资料，感觉CSA需要在城乡一体时才能真正繁荣，那时城镇化已经到了一定的水平，城里人大规模下乡居住、生活和体验时，在农村形成城乡居民共同居住的小型社区，也会相应形成农产品种植、加工、销售的小型集散地。中国发展到那一步，还尚待时日，目前的主要目的是安全放心。而将来，可能安全是追求的一个目的，但不是主要的，因为城乡居民共同生活的农村新型社区，又回到了类似传统农村那样的熟人社会，农产品质量安全得以在公众的监督下，形成自觉。也在那个时候，城市人到乡下，更多的是生活方式的体验，体验农家的乐趣、原汁原味的农产品、新奇鲜活的农家风情。

那么到时的状态还算不算社区支持农业呢？或许CSA就要功成身退了。正应了毛主席诗词里的那句话，待到山花烂漫时，她在丛中笑。这就算是一种向往吧。

市场规律不可抗拒

——社区支持农业的困境

中国的社区支持农业目前演化为城市高端社区的私人定制，在实质上脱离了社区范畴的有机食品产销对接，不仅设想的新鲜度难以保障，而且高昂的运输、储存成本也难以忍受，更不要说较大范围的信任。

社区支持农业，简称“CSA”，是典型的舶来品。虽然当下社区支持农业已有遍地开花之势，但却难掩发展中的种种困境。在前面的讨论中，我将社区支持农业形容为“透过云彩的一缕阳光”，意思是它目前还不能承担起主要食品供应的任务，像阳光一样普照大地，但却像食品安全乌云中透过的一缕阳光，总算是让人看到了一种值得期望的食品生产方式。如果追溯到国外社区支持农业的本来状态再做些对照，则一些问题还会有更深入的认识和理解。

从《我在美国当农民：80后的“插队”日志》的记叙看，美国的社区支持农业其实可以概括为近距离范围内的小城镇食品生产自助，消费者与生产者甚至是不同生产门类的农业生产者，在近乎熟人圈的状态下实现了互信基础上的食品本地化、生产有机化，而中国的社区支持农业目前却演化为城市高端社区的私人定制，在实质上是脱离了社区范畴的有机食品产销对接形式，不仅设想的新鲜度难以保障，而且高昂的运输、储存成本也难以忍受，更不要说因为城乡距离的鸿沟，较大范围的信任也就难以有效建立，于是只能维持在小范围的对接而无法实现盈亏平衡，这是中国社区支持农业发展困境的根本原因。

同时，国情的不同和发展水平的不同，也加剧了社区支持农业在中国的变形。

其一，国外从事社区支持农业生产环节的主要是职业农民，而在中国因为这个模式刚刚起步，从事的主体却是原本呆在城市的知识分子，为了追求健康生产方式和健康食品转而去农村亲自动手，这必然造成劳动力和土地成本的攀升，也会形成让实践者难以忍受的当地农民和城市消费者对这种模式的旁观和怀疑。

其二，中国、外国的社区概念也是不一样的。美国的社区其实就是小城镇上有共同兴趣爱好的人的群体，在时间和空间距离上都比较近；而中国目前的社区还只是一个生活区的概念，小范围的志同道合的熟人圈还有待建立，这自然导致社区概念在实际上的虚化和支持农业主体的分散化，这对社区支持农业的实践是很不利的。

其三，中国、美国的农业生产主体也是不一样的，中国太分散，无法提供多样性食品，也难以体现社区支持农业的适度规模效益；美国因为普遍为较大规模的家庭农场，作为生产主体参与社区支持农业是有条件的，生态的、经济的效益是可以兼顾的，也更具实践上的操作性。

其四，中国的消费水平总体还比较低。所以，大多数消费者对社区支持农业的食品成本较为敏感，价格低了客户多了可能不盈利，价格高了客户少了同样也不好盈利，进退维谷。

其五，国外的社区支持农业，其消费者主体不仅有城镇的居民，也包括生产者自身在内，因为每个农场相对专业，每个农场之间的产品交换也是社区支持农业的一部分，可是我们恰恰缺乏同行间的互信，素有“卖白灰的见不得卖面的”之说，农民自产农产品之间的近距离互换反倒稀罕，要么就是纯粹的友谊性交换，与商业无关。

此外，一些问题也是值得探讨的。比如社区支持农业模式会尽量减少大型机械，因为一是消耗能源，二是对土壤有一定破坏，三是排斥劳动力，而劳动力一旦排出，则导致农村社区人口的减少，也会影响到模式的发展。社区支持农业的理想状态是：社区较有规模，生产消费者互信良好，食品能大量本地化供应。但实际上操作较难，还是要尽可能地采用机械，特别是小型机械；也需要注意把农场的经营者与劳动者区分开来，目前的社区支持农业实践者，要么把生产彻底委托农户成了中间商，要么直接动手当起了美国农场的那种实习生自己劳动，很少在经营上探索和创新出更好的模式来，这是让人遗憾的。

当然，美国的社区支持农业也是有问题的，大多数美国人仍然是不去农夫市集的，一个是价格的原因，超市更便宜一些；另一个是诚信问题，有一些农户销售的并不是自己生产的而是从别人那里买来的二手产品。这两条原因对于中国的社区支持农业也同样是适用的。而中国还得加上，所有的农产品认证大家都不放心。

让美国人也羡慕的中国传统农业为什么衰败了

农业劳动力大量向优势的工业部门和城市转移，从而给精耕细作的传统农业形成了釜底抽薪的负作用，靠劳动力的无限供应和劳动的无限投入来维持传统农业基本上不可能，只能逐渐解体。

1909年2月至6月间，时任美国农业部土壤所所长、威斯康星州立大学土壤专家富兰克林·H·金带着家人也带着对美国农业的困惑开始了东亚之旅，他先后去了日本、中国、朝鲜，最终不虚此行。他带着的困惑是：为何不到百年，北美大草原那曾经肥沃的土壤在美国殖民者的开垦下就出现大量水土流失，让美国农业面临难以持续的危机？而他的不虚此行缘于：东亚可持续的农业传统，让那里的土壤保持了四千年的活力，他“震惊于他们土地的高产，也惊愕于这些农民提供了如此有效率的劳动却乐意接受极少的报酬”，如果在美国实行东亚的农业生产模式，则美国“这块土地上养活的人口可以达到现有规模的5倍”！他兴奋地断言到：“假如能向世界全面、准确地解释仅仅依靠中国、朝鲜和日本的农产品就能养活如此多的人口的原因，那么农业便可当之无愧地成为最具有发展意义、教育意义和社会意义的产业。”

是什么样的东亚农业传统让美国农业专家如此上心？《四千年农夫》一书大量描述的东亚农业神奇之处归结起来主要有四个方面：

首先是基于人多地少的精耕细作。在土地面积难以增加的情况下，以相对过剩的劳动力进行近乎无限的劳动投入，让有限的土地发挥出极端的生产力来。比如，间作套种，对有限的光热资源进行了有效利用，实现了复种指数的提高，让同一面积的土地收获了更多农产品；再如水稻的育苗移栽，虽然劳动强度增大，却可以实现水稻有足够的生长期，获得更高的产量。与此相比，当时的美国农业显然就相形见绌了，是粗放和低效的。由于这种小农的生产方式，也造就了中国农民极端节俭、克制欲望、任劳任怨的品性。

其次是对农业废弃物的有效利用。让美国人感到吃惊的是，中国的农业废弃物利用到了无复以加的地步。如，作物的秸秆要么作为燃料，燃烧后的草木灰再作为肥料投入大田；要么饲喂牲畜，牲畜形成的粪便再作为有机肥投入大田；要么直接翻耕入田，以增加土壤有机质；或者与其他土肥结合，堆沤有机肥，再施入大田。即使牲畜遗弃在路边的粪便也有人专门收集后施入农田。为了增加土壤有机肥的投入，人们用大量的劳动力来挖塘泥、河泥；废弃的土炕泥坯也被粉碎再投入大田，因为其经过长时间燃烧吸收了大量的氮、磷、钾等养分。

再次是对农业生态系统的良好维护。典型的是高山水田，划分成一个又一个小方块，进行良好的耕作、平整和水肥保护，形成了山高水也高的特殊生态系统，让那里的水稻种植得以一年又一年持续下去。再比如农田的休闲制度、绿肥种植和与豆科作物的轮作制度等，让土壤得到休养生息，保持了生产力。还有针对全年降水分布不均衡的事实，把灌溉与旱作农业结合在一起，“这种结合的完美程度远远超出了美国人的想象”。还有对农业、林业、牧业、渔业之间的协调安排，形成了互相促进的良好局面，让整个大农业生态系统良好地持续下去。

最后是对城市生活和工业废弃物的有效利用。典型的是作者对中国城市排污系统的赞叹，像上海这样的城市却没有西方发达的下水道系统，城市人口的排泄物和泔水完全依靠来自周边农村的农民每天清晨一桶一桶地将之云集农村，制作成为有机肥再施用到土壤里，最终完成城市废弃物的无害化处理。进一步测算，则每天将一百万成年人的粪便施用于田间可以给土壤带来一吨多的磷和两吨多的钾。可是在西方，由于利用发达的下水道系统排污，这些粪便不仅没有被农田利用，更造成了环境污染和健康隐患。再比如食油（包括菜籽油、棉籽油等）加工业的废弃物——油渣的利用，让大量的有机质回归农田。

尽管百年前美国农业专家表现出让我们自豪的对中国传统农业模式的尊崇与羡慕感，但今天的中国却不得不面临这样的尴尬场景，那就是外国人羡慕的、我们也曾经引以为傲的这些优良农业传统正逐渐消失殆尽，面临的局面甚至比美国当年更糟糕，比如中国化肥、农药的施用量已经超过美国，利用效率低下，污染严重等，这一切既让人惋惜，更值得反思。

何以如此？回答这个问题，如果仅停留在农业的层面，显然无法让人满意。实际上，自从工业化打开了人类生产力爆发的潘多拉魔盒之后，世界不可避免地被纳入工业化的轨道，不管愿意还是不愿意。由此，工业相对于农业而言，成为优势生产部门，不仅效率高，而且效益好，农业迅速地相对落后了，成为低效率、低效益的生产部门，风险还高；又由于工业的强势，事实上把农业变为了工业的原料供应者，把农村变为了工业品的倾销地，并在价格上形成了工农产品交换的不平等，进一步加速资本、劳动力等生产要素向工业转移；更重要的是，工业化大大加快了城镇化的速度，也让传统乡村在现代城市面前相形失色。这种情况的结局是，农业劳动力大量向优势的工业部门和城市转移，从而给精耕细作的传统农业形成了釜底抽薪的负作用，靠劳动力的无限供应和劳动的无限投入来维持传统农业基本上不可能，只能逐渐解体。更何况，相对于城市的生活，农村生活是那样的单调；相对于城市的工作，农业生产又是那样的辛劳，更加剧了农业劳动力向城市的转移。

那么在今天如何面对我们的优良农业传统？历史是倒不回去的，工业化、城镇化的进程不可能逆转，如果幻想着从农村流出的劳动力重新回到农村，再按照传统农业的方式来实现农业可持续的发展，显然是困难的。但我们今天比美国当年更加值得学习和传承中国传统农业的可持续发展理念，因为我们既没有实现农业效率的更高提升，又带来了前所未有的食品安全危机和农村生态环境危机，人们似乎已经难以再找到可以放心食用的农产品，而农业已经超过工业成为最大的污染源，一切预示着中国农业的发展模式必须进行根本的转型，以长远的目光谋划可持续发展的路径，其根本立足点是把传统农业的精华理念与农业的现代化进程相融合，渗透在现代农业建设的各个环节中。这个转变固然是痛苦和艰难的，但别无选择，必须进行理念的根本转变，向农业支持足够的物质投入，培养少而精的优秀劳动力，让农业的长远发展有根本性的依靠。

由此，我也想给当前流行的生态农业、有机农业等渗透着可持续理念的农业生产模式提个醒，如果在小范围开展基于从事者自给自足型的有机生态生产是可以的，但如果要以此实现规模化生产和经济上的盈利，则必须与现代化的经营理念、物质装备、技术手段等结合，否则很难实现目标。同时，我也想说，有机农业绝不是传统农业的简单复制，注定要在农业现代化的时代进程中进行创新，才能跟上时代的步伐。

公益农业绝对不长久

——让可持续农业可持续起来

中国农业的发展模式必须进行根本的转型，以长远的目光谋划可持续发展的路径，其根本立足点是把传统农业的精华理念与农业的现代化进程相融合，渗透在现代农业建设的各个环节中，让可持续农业在实践中真的可持续起来。

在今天这个年代，可持续农业比以往任何时候都能引起大众的共鸣，因为我们的生态环境太差了，我们的农产品大家很不放心，我们的农业模式也面临严峻的现实问题，比如中国化肥、农药的施用量已经超过美国，利用效率低下；农药、化肥、畜禽粪便以及生活废弃物等已经导致农村污染总量超过城市，这样的局面是让人震惊的。看了石嫣女士翻译的《四千年农夫》，可以说，我们今天比美国当年更加值得学习和传承中国传统农业的可持续发展理念。

现在最常用的一个词恐怕是转型，那么农业也得转型，转到什么方向去？从农业生产的角度看，一方面有人口增长、城镇化消费升级带来的农产品供给刚性需求增长，另一方面还面临农村劳动力减少、素质下降等困难；而从消费需求的角度看，生产出的农产品一方面要够吃，就是中央经济工作会议提出的“谷物基本自给、口粮绝对安全”，另一方面还要质量安全。在这样一种形势下，农业显然要找到一条质量效益兼顾的现代化之路。那么现在也有两个极端的提法，一种是全面西化，走国外的大农场石油农业，另一种是退回中国的传统农业，排斥现代化的物质、技术和信息投入。但从实际看，这两者都是不可能的，中国有自己的国情，所有的农业道路必须服从上述实际。所以，中国的农业还得走一条不偏不倚的中间道路。

2012年我在阅读法国孟德拉斯的农村社会学著作《农民的终结》时印象深刻，也很受启发。他将农业的现代化区分为“传统现代化”和“进步现代化”，这两种农村现代化模式在某种程度上是相对的。

根据作者的描述，“传统现代化”的道路主要在于增加物质能力，辛苦地劳动，省吃俭用，使耕作系统适应价格的变化而不改变系统本身，根据节省的钱而不是根据本来的收入从事经营。主要表现为：购买土地、设备和牲畜，整修房屋，如果能力允许的话，附带地配置上家庭设备。在这个传统现代化道路上前进的，不仅有大经营者，也有小经营者；不仅有老年人，也有年轻人。在这个模式下，虽然实现了现代化，但一些人并没有改变自己的行为习惯方式。从作者的描述看，这一现代化模式的主要特征是进行技术性的改造，即保留传统生产体系，以扩大规模、提高物质装备水平来实现现代化。

而“进步的现代化”是以怀疑整个现有生产系统和管理系统为前提的，一般的步骤是：进行初步的簿记，参加农业组织，关心耕作系统的改进，同时根据市场的需要进一步推进某项生产或引进新的生产，农业劳动者成为了企业家，不再仅仅是根据自己的生产资料，而是根据自己的产品销路来管理企业。这时的农业现代化，已经完全按照现代经济理念来进行经营和管理，农业已经完全告别了传统的模式。

显然，对于中国来说，两种农业的现代化模式在现实中都是存在的，但对于农业的“传统现代化”模式来说，提升空间是有限的，因为在市场经济越来越深入的今天，要想保持传统的农业生产模式是困难的，也必然受制于人多地少的国情，还要面临农业劳动力流失的无情现实；而农业的“进步现代化”，已经完全以成熟的市场经济理念去组织农业生产和营销，完全与市场对接，从业人员的来源也不一定是传统的“子承父业”型农民，而是具有现代理念的“进步劳动者”（作者语），从而实现农业发展的根本性改变。

那么引用这一个阅读感受想说什么意思呢？我想说的是可持续农业目前面临的问题，恰恰要在“进步现代化”上寻求出路，这个现代化的理念是传统农业的，那就是反对“传统现代化”模式，反对简单地以工业方式改造农业，以化学投入来换取产量，这样既不可持续，又不安全，实际上也不经济，必须从农业的自身特点来寻求更适宜的发展道路，最大程度地保持农业生态系统的平衡，实现农业的可持续发展。但是，也要反对倒退回传统农业的做法，高强度、大数量的人工劳动力投入，较低的产量和较低的效率，而且品质也无法在世界整体污染的前提下独自安全，而是要在符合生态系统规律的基础上，着眼于现代化的科技、装备、信息等手段，实现农业的否定之否定，实现新的提升。在具体的形态上可以说既是现代的，也是传统的。

总之，中国农业的发展模式必须进行根本的转型，以长远的目光谋划可持续发展的路径，其根本立足点是把传统农业的精华理念与农业的现代化进程相融合，渗透在现代农业建设的各个环节中，让可持续农业在实践中真的可持续起来。

有机农业为什么没人信

——有机农业的演化与异化

有机农业的真谛在于，它本来是一种理念，是一种生产生活方式，有机食品只是这种理念的伴生品，但功利的现代人却把有机食品与生产有机食品的生产生活理念剥离，演变为又一场喧嚣的概念炒作和资本角逐。

如果让我说，则有机农业可能是一个美丽的误会；如果再言辞重一点，则有机食品实际上已被功利所绑架，逐渐失去本来的面目。有机农业的真谛在于，它本来是一种理念，是一种生产生活方式，有机食品只是这种理念的伴生品，但功利的现代人却把有机食品与生产有机食品的生产生活理念剥离，演变为又一场喧嚣的概念炒作和资本角逐。

有机农业的滥觞可追溯到20世纪四五十年代的后现代主义发端之时，本来的核心是反思现代主义所造成的过度工业品投入对土地的过度开发与产出掠夺，探讨如何保持农业的可持续发展，实现人口、生产、食品供应的生态平衡，属于生态学在农业上的分支，但不曾想在社会的持续流传中逐渐演化为食品的金字塔顶式的生产模式，这是人们基于食品安全危机下的“美丽误读”，在媒体和资本的放大作用下，逐渐主宰了人们的视听。

如果按《我在美国当农民：80后的“插队”日志》一书的论述，则有机农业的源头还可以进一步追溯到马克思的《资本论》，在《资本论》第一卷这样写道：“资本生产，混乱了人与地球的新陈代谢，所有资本主义农业的努力不仅仅是吸食工人而且吸食土地，所有增加肥力的努力都是朝向毁坏更多的长期的肥力来源。因此，资本主义生产发展了科技和社会生产，但是与此同时却不断侵蚀了财富本来的来源——土壤和工人。”而且，“生态可持续能力”这个概念，也是在马克思的著作中首次出现的。

有机农业的定义虽然很多，具体标准不一，但其要义综合起来有五条，一是生产过程中拒绝使用化学等人工合成的投入品；二是尽量保留传统耕作的精华，如轮作倒茬、间作套种等；三是生态链的保护，保持生物多样性；四是中小生产主体的保护，避免大资本的控制与掠夺；五是文化传承，让可持续发展和生态理念深入人心。而对照目前的有机农业与有机食品发展趋势，则消费者更倾向于关注安全与营养，投资者更关心盈利水平，这是与有机农业理念相背离的。

目前的有机农业正陷入互信的悖论，消费者的过度怀疑和生产者的不道德行为是同时存在的，如何实现互信是最大的现实问题。《我在美国当农民：80后的“插队”日志》讲了一个现实的案例，美国有一个5000人的小镇，其农夫市集的活跃度可以和一个二十几万人的大城市相比，因为只有熟人圈的建立和真正互信，才能实现有机食品市场的繁荣，而不是冰冷的标签与商品。由此，也就显现出当前有机食品的三大误区：一是将有机农业从一种健康的生活方式异化为一种高端生活品质的象征，能吃得起有机食品的人们可能早已远离了有机生活方式，那种不远千里万里而消费有机食品的行为更与有机农业的真谛相差十万八千里，为了这些有机食品的远距离运输，要付出多少倍的成本和生态代价。二是从一种生态理念异化为食品金字塔的顶级生产方式，让生态理念由目的反转成有机食品生产的一种手段，这也是对有机农业的故意扭曲。三是从社区的自助性异化为急功近利，虽然也是为了健康，但更主要的是赢利，最终成为资本的又一次盛宴。

那么由此再推论，则标准可能就是有机农业的最大误区，在农业领域内企图通过刚性的制度来约束生产过程的不确定性，几乎是不可能的，既难以防范道德风险，又违反了自然规律。这也就不难解释，有机食品的标准十分严格，但伪造起来并不费力，让人对各类有机农业的标准和论证保持信任也就十分困难。当然，这也并不是完全地将有机食品的信任寄托于熟人圈，现代技术带来的全程可追溯体系依然是必要的，但却不能迷信。

那么，有机农业的出路在哪里？至少在社区化和熟人圈两个方面是与农产品电商一致的，那些做得好的生产者，不是靠广告或者其他，而主要是靠口口相传。如果吃有机食品的时候再能体验到对农民的感情，则会促使有机农业发展得更加顺利。

有机农业的误区在哪里

——看看一个“疯子”的苹果真理

目前的有机农业本质上并没有改变人工控制的现代农业原理，距离有机农业所倡导的循环可持续农业思想依然相当遥远。更因为没有经过长期的实践探索而建立起一个符合有机农业的生态系统，不得不靠高成本的投入进行维持，最终走上了曲高和寡的奴役之路！

到底不施化肥、不打农药能不能种出好的苹果来？对于消费者而言，巴不得每个上市的苹果都是这样生产出来的；而对于生产者而言，这样做无异于是梦魇！对于那些浅尝辄止的种植者来说，他们自然相信这个世界上绝对不可能有不施化肥、不打农药的苹果，因为一旦停止施用化肥，苹果的产量便会迅速下降，而一旦停止喷施农药，各类病虫害会纷至沓来，将苹果树的叶子与果实吃得一干二净。但是，在日本的苹果产区青森县，有一个不相信这个“真理”的人，他叫木村秋则。为了验证这个真理，他以超乎异常的耐心、毅力和代价成功种植出不施化肥、不打农药的苹果，一举轰动日本，播出他节目的电视台收到数百封电子邮件和来信，表达着想吃到这样苹果的强烈心愿，更有餐厅推出“木村先生的苹果汤”这道菜，预约起码要等上半年。木村的苹果是神奇的：一个切成两半的苹果，放了两年都不腐烂，只如枯萎一般越缩越小，最后变成淡红色的干果，散发出淡淡的清香……他的故事最后变成了一本书：《这一生，至少当一次傻瓜》。

但是为了种植出这样的苹果，木村付出了沉重的代价：他家的果园长达8年基本没有产量，家庭收入跟不上，孩子们过着清苦的生活，甚至在现实中抬不起头来。为了家里的生活，他不得不拖着干瘦的身体进城打工，年仅50岁就因为过度劳累而牙齿也快掉光了，他家好多用具因为没有钱只能到废旧市场选二手货。为了寻求苹果种植的秘密，他躺在地里听虫子说话，想用自己的牙齿换苹果树的叶子，甚至想到了死。一个不懂常理的人我们会说他傻，而一个傻到底的人则只能是疯子了。当地人眼中的木村就是这个样子，当他家的苹果树开始不施肥、不打药时，大家开始嘲笑他傻；当几年的试验依然没有成功时，大家开始把他当一个“疯子”来同情。还好，他的家人虽然也看不到希望，却依然忍辱负重，支持他的“一疯到底”。

并不能以为执着就能感天动地，如果不能找出事物内部的奥秘，则成功永远遥不可及。就像《这一生，至少当一次傻瓜》一书所说：“如果无法证明自己理想中的无作为农业比现代农业更加优秀，就会沦为纸上谈兵。”木村能够产生不施肥、不打药的想法，是受一个叫福冈的人写的书的影响，也因为自己的好奇与探索精神，还因为妻子对农药的过敏。但福冈虽然提出了“人类无作为农业”思想，但其著作中只提到了“稻和麦的轮作播种”这一个成功案例，并没有告诉苹果怎么办。而木村的探索在数年没有结果之际，逐渐陷入绝望崩溃，因为他已经试过了太多的方法，如人工捉虫，根本就是螳臂当车；喷大蒜水、牛奶、盐水等，基本都失败了。当他恍惚中走向山顶的时候，终于在野苹果树下发现了真正的秘密，那就是：野生苹果有着庞大的根系和长期形成的特殊土壤环境，也就形成了一个特殊的生态系统，可以支持野生苹果的茁壮生长与开花结果；也因为土壤的特殊生物菌群，抑制了致病原，提高了苹果树对病虫害的抗性。而自从人类选育了香甜可口的栽培品种后，苹果已经丧失了野生条件下的自我生长与维护能力，只能在人工的半自然半控制条件下向着人类所希望的方向生长，一旦这种条件丧失，则现有的苹果品种无法像野生苹果一样继续生长，必然产量下降，甚至颗粒无收。所谓的果树病虫害泛滥，与其说是病虫害多的后果，不如说是苹果树太弱的后果。要让苹果不用化肥、不用农药，就必须创造出一个类似于野生苹果生长的生态系统，其基本前提就是从改造土壤开始，让苹果的根系充分舒展发育，形成一个特殊的土壤微生物群体，为苹果树建造起一个小的良性生态系统，发育强壮的树体，增强抵御病虫害的能力，最终开花结果。

发现这一规律后，木村开始研究野生苹果的土壤特性，运用“无为而治”的思想，通过种植大豆培肥地力，让苹果地里的野草、昆虫自然生长，惊人的大自然生态演替开始出现，初期的杂草被后来的杂草代替，初期的病虫害后来不再发生，而长期的“人工无作为”，逐渐形成一个有利于苹果根系生长的土壤环境，最终形成一个苹果与杂草及昆虫相和谐的生态系统，即使出现什么异常的气候与灾害，这个生态系统也会通过自然调节取得平衡。在这种生态系统下，苹果树可以正常结果，但不会太大，也不会太香甜，因为这样会招惹太多的昆虫及鸟类；但是他们有着苹果的本色本香，是自然的，而且长久不坏；更重要的是，他们的开花结果是自然的，是可持续的。

读罢《这一生，至少当一次傻瓜》这本薄薄的小书，我陷入了沉思：我们当前的有机农业其实陷入了死胡同，那就是治标而不治本。为了达到有机农业生产所设立的死标准，我们又运用另一套人工控制的办法，对土壤进行消毒，按照作物生长需要重新选配符合有机规范的投入品，甚至包括使用检测不出来的有机农药与添加剂等产品。这样的有机农业本质上并没有改变人工控制的现代农业原理，距离有机农业所倡导的循环可持续农业思想依然相当遥远。更因为没有经过长期的实践探索而建立起一个符合有机农业的生态系统，不得不靠高成本的投入进行维持，最终走上了曲高和寡的奴役之路！所以，我们在阅读木村那让人敬佩和感动的苹果故事之后，应该更加深入地思考什么是真正的有机农业，又如何实现有机农业的本义，为真正地实现农业循环可持续发展探索新路。然而，在这个急功近利的时代，我们身边会不会出现木村这样的“疯子”与“傻瓜”？

让有机农业有口碑不简单

——因为互信是一种过程

互信的建立最终靠时间来检验和维系，而且会非常脆弱。生产过程能不能始终如一地严格要求，考验生产者的道德底线和实践毅力，特别是生产遭遇困境的时候。一旦有侥幸心理作怪，一次质量事故的发生就可能让前面长时间攒下来的信任毁于一旦，也会为整个有机产业带来灾难，不可不慎！

不单单是中国这样，农产品的信任是一个世界性问题。从《一根萝卜的革命：用有机农业改变世界》中可以看得到，日本大地协会做有机产业起步的时候，其情形一点也不比中国好到哪里去。协会推销有机农产品可以说处处碰壁，你的产品并不好看，价钱却生贵，谁买？这还是初步的问题，进一步的问题还有，不是消费者想要吃什么今天就能送来什么，而是地里能产出什么消费者就得吃什么，这明显是不把顾客当上帝呀，违背了一般商业常理。在这种情况下要获得信任和订单的办法只能有一种，从熟人开始，口碑相传。但是要做大，光靠熟人是不行的，还得有一些更好的办法。从日本大地协会的实践中可以得到以下启示：

互信的第一步不是宣传有机食品有多好，而是要宣传有机食品是什么。作为一个理性的消费者，追求质优价廉是无可厚非的，让消费者接受有机食品的高价就得从有机食品的理念宣传做起，而不是直接宣传有机食品的品质有多高。如果像现在的市场一味宣传有机食品是食品金字塔尖式的食品，消费者很容易进入误区，把有机的真谛反而忽略了。最理想的结果是让消费者相信有机生产系统及其产品是值得支持的，而不是目前的选择有机食品就是选择安全、就是选择高营养，这是对有机食品的扭曲，也直接会引来质疑，更有数不清的投机假冒在其中，加上资本的搅和，只剩下浑水一潭。

互信的第二步不是宣传有机食品没有打农药、施化肥，而是要宣传有机食品是如何在不打农药、不施化肥的条件下生产出来的。现在的宣传在把农药、化肥妖魔化的同时，也让有机生产自身受到质疑，有机食品可以生产出来吗？这时需要宣传有机的生产机理和操作体系，肥料是如何解决的，病虫害是如何防治的，让消费者相信用这些办法是可以做到的。如果消费者根本不相信有这样一种生产体系，则有机食品肯定不会受到信任。

互信的第三步不是宣传有机食品的标准有多高有多严，而是要宣传有机食品的生产过程是如何控制的。现在的有机食品为了说明品质值得放心，可谓费尽了口舌，但却缺乏详尽的资料数据，大多还是停留在以人际关系信任或者第三方认证为农产品质量背书的传统模式。要赢得信任的根本办法还是透明的生产过程、详细的生产记录、严格的检验过程和可以追溯的信息系统。如果生产过程无法监督、生产记录语焉不详、信息追溯难以实现，仅靠外部机构发给的一些所谓的证书来标榜，效果是有限的。现在联合国的证书都能造出来买回来，还有什么证值得信任？消费者可不傻。

互信的第四步不是宣传有机食品十分完美，而是要宣传有机食品的真实缺陷。大地有机协会的一个重要经验心得是，要让顾客接受残缺美的生产现实，有机生产方式受自然灾害影响大，有机农产品的外观会受影响，产量也会受影响，可能中间还会出现供应不上的局面。如果不能与客户开诚布公到这种程度，则后面的质疑与追问肯定不会少。更不能为了满足顾客的需要或订单内容，一味迎合或变相满足，超出自己的生产能力，这是非常危险的行为，后患无穷。

互信的建立最终靠时间来检验和维系，而且会非常脆弱。生产过程能不能始终如一地严格要求，考验生产者的道德底线和实践毅力，特别是生产遭遇困境的时候。一旦有侥幸心理作怪，一次质量事故的发生就可能让前面长时间攒下来的信任毁于一旦，也会为整个有机产业带来灾难，不可不慎！

然而，说起来容易做起来难。以大地协会的成功，尚且在三五年时间实现盈亏平衡都很难，更何况七八年时间以后才能逐渐赢利，谁能忍得到？但谁做到了谁将最终成功，也将走得更远。

先活下来再说将来

——有机农业可持续才能走得更远

国内的有机农产品如果不是商业化运作，则主要靠农夫市集的形式来销售，始终在现代商业圈的外围徘徊；而一旦商业化运作，则很容易在资本的推动下，丧失有机原则。

一如《一根萝卜的革命：用有机农业改变世界》的作者所说，“好事必须是可持续的，不能要求多数人长期为理想而牺牲”。也如资中筠女士在书的序言中所说的，“有人以自己忍受痛苦来为他人谋快乐，这种精神可佩，但是难以持续”。有机农业是一件好事情，但是有机农业前线的新农人们情况却不容乐观，这些先行者们好多近乎于苦行僧，我充满了敬意也十分担心，自己尚且吃不饱，怎能让人相信前途很光明？有机农业的困境，既有大环境的问题，也有运行管理不到位的问题。国外的有机农产品只贵出二三成的价格，而我们的要贵出几倍，真的无法让更多的平民消费者买得起。所以，有机的出路在于走下神坛，改进体系，加强运营管理，增强创收能力，首先活着，进而可持续发展下去。大地有机协会是如何做到的？

从改进份额开始，销售组合套装。有机农产品是在一个人工无法控制的自然环境下生产出来的，不可控因素很多，很容易同时出现缺货和积压现象，也会有大量的“欠品”（受损的产品）出现。如果按照顾客的需求意向来实行份额配送，问题将非常难以处理。但是如果让顾客了解真实的生产情况，接受有机农产品的自由组装份额，则为有机生产者带来诸多便利，这需要深入的宣传。大地协会便做到了这一点，从而让经营状况得到改观。

不断改进销售终端。有机农产品最初多靠社区集市的形式来推广，靠家庭主妇们的口口相传来扩大顾客群。随着一个社区的顾客达到一定数量，大地协会便设立一个“配送站”这样的机构，由社区的顾客选出代表担任，协会只将农产品整体送到配送站即可，配送站再分称给顾客，这对于降低配送成本和提高效率有很好的效果。不仅仅如此，协会还主动走出去，在百货公司举办展销活动宣传有机理念和有机农产品；整合资源，争取成为超市的供应商，在主流商业销售终端设立窗口；深入考察市场，在客户相对集中区设立直营实体店，增加体验；为适应年轻消费者的需要，还开展了宅配送业务。

不断延伸产业链条。即使有了大量的社区客户群体，总体经营规模上去了，但盈利水平依然没有得到明显改善，因为客户总体还是规模小而分散。为此，协会把目光转向中小学校，动员家长和老师接受有机农产品，为孩子们吃放心的农产品。学校集团客户的开发成功，让协会的经营规模和效益有了根本性改善。此后，协会在东京等城市的繁华地带，开办了高大上的有机食品餐厅，进一步提升了盈利水平。还开办了肉食和奶制品加工业务。

不断争取商业主导地位。协会毫不讳言有机农业的商业化，而是以良好的商业化运作推动产业发展。如，通过努力，取得了消费合作社的供应渠道；为提升竞争实力，为中小有机生产商提供批发业务；加大集团客户开发，与相关协会组织合作，提高了运营效率等。

在不断创新发展的过程中，始终坚持了几条原则：虽然搞了批发，但从生产源头就将协会会员订单与市场批发订单严格区分；虽然不断扩大客户群体规模，但始终坚持适度规模和区域客户群体相对集中，而不是不计成本的大举扩张；虽然产品销售规模不断扩大，但始终坚持把有机理念宣传作为基本前提；虽然资源可以大范围统筹，但很注意当季化、本地化供应这个基本理念。这些原则界定了有机产业商业化的尺度和方向，保障了可持续发展。

为了让有机事业可持续发展，大地协会先"两条腿"走路，一方面搞公益，一方面搞企业，待发展到一定程度后完全合并为一个股份公司，并坚信可以履行好企业社会责任，其勇气和自信是过人的。

现在回过头来看，国内的有机农产品如果不是商业化运作，则主要靠农夫市集的形式来销售，始终在现代商业圈的外围徘徊；而一旦商业化运作，则很容易在资本的推动下，丧失有机原则。所以，期盼当下中国的有机产业也出现一个大地协会这样的组织和藤田和芳这样的领军人物。

农产品品牌营销的根本问题

品牌的核心是两条，一条是品质，一条是文化；品质是基础，文化靠积淀。目前的农产品营销，太注重外表性的东西了，而源头的生产和质量控制还非常落后，这样的营销一时火长久难。

读了李志起先生编的《大农业模式》，还是很有感受，100个农业企业的鲜活事例带出一个重要的话题——品牌营销，这是目前最时尚的农产品市场语言。虽然不同的农产品营销策略是不同的，但大体还是有共同规律可寻的：首先要进行细分市场的定位，明确到底卖什么、卖给谁的问题；其次，要让人迅速留下印象，包装要独特，概念要新颖，入场要震撼等；再次，手段要时尚，网络营销、全渠道、电子商务、高科技、产业链等，不一而足。用当下流行的话来说，就是要讲出一个好故事，拿出一个好产品，再配上一个好渠道。

但值得注意的是，在普遍浮躁的社会背景下，农产品的品牌营销也出现了急功近利的思想，在多数农产品品牌还没有建立的情况下，一些农产品品牌却炒作过热，呈现概念炒作有余、而品牌内涵建设不足的情况。为了说明这个问题，我想拉出小学课本上的一个故事：《我要的是葫芦》。院里的葫芦藤上结出了许多小葫芦，但叶子上也出了虫，有人善意提醒主人应该防治叶子上的虫害，但主人却说自己要的是葫芦，管叶子干什么？到了最后，叶子枯萎了，小葫芦也就凋谢了。目前的农产品营销也一样，太注重外表性的东西了，而源头的生产和质量控制还非常落后，这样的营销一时火了，长久很难。

品牌营销，说起来复杂，概括起来也简单。在我看来，品牌的核心是两条，一条是品质，一条是文化；品质是基础，文化靠积淀。名牌之所以被人们追捧，质量过硬是肯定的，但质量并不能支撑名牌的高溢价，而是靠文化内涵所塑造的品牌形象逐渐积累的，到了一定程度才能由品牌成长为名牌。农产品品牌营销，首先是质量的问题，其次才是推动品牌文化积淀，有一个过程。比如，现在过年过节送露露杏仁露，这就是一件比较可怕的事，因为大家竟然在约定俗成中把杏仁露这个产品与节日关联起来，实质上等于品牌已经渗透到了人们的潜意识里去了，露露能不火吗？这个过程用了多少年？将近30年！再反观那些世界著名的奢侈品，则是文化概念大于产品本身，东西可能本身已经不重要了，完全在其品牌标志这个符号。

现在再回过头看农业品牌的问题。对于农产品而言，区域性是相对于工业产品的独特性所在，工业产品是没有地域性差异的，只有农产品有，由此也带给农产品营销一个重要的机遇，就是可以充分挖掘地域特色与优势，从而开拓差异化的市场。比如，橙子很多，但赣南脐橙独树一帜；枸杞很多，但中宁枸杞品质出众；苹果也很多，但洛川红富士、天水花牛为人乐道。但地域品牌毕竟不是一个完全市场化的产物，目前主要靠地方政府推动来形成，也面临一些不容忽视的问题。一是品质控制体系还很不健全，标准化很不到位，不同批次的同样商品可能味道就不一样，所谓的绿色、有机标签也难以得到消费者的信任，这样的品牌如何做？二是品牌的文化内涵还停留在有地域无商业的层次上，虽然地域原产品牌的传播已经有效，让西湖龙井、洛川苹果、龙口粉丝、中宁枸杞等地域品牌广泛传播，但终究缺乏适应市场经济规律的商业品牌来承载，让地域品牌成了任人放牧的公共草场，各类仿冒层出不穷，挂羊头卖狗肉的现象屡禁不绝。最近联想去做西湖龙井，算是把地域品牌与商业品牌结合了起来，打开了农产品品牌营销的一个新路。三是低价营销的陷阱始终难以突破。目前市场上的一些价格根本无法支撑一个有品质内涵的品牌来运营，但大家却一股脑儿地想在低廉的价格战中抢占先机，根本无法可持续发展，也让消费者反而起了疑心。或者又干脆走上曲高和寡的道路，把价格炒得离谱，远离了农产品的属性，农产品又如何与奢侈品相比？

所以，农产品品牌营销，绝对不能舍本逐末，要把握住品质这个根本，按市场规律运作，不宜对品牌营销过于迷信。比如说中小农业企业，靠一点概念，打一个品牌，做一些特色产品，还是很容易脱颖而出的，也容易实现高溢价。但做大宗的农产品，像粮油、生猪、乳品等，依然是残酷的短兵相接，那些大企业品牌实力相差不多，完全在经营管理的内功上比拼，靠质量来说话，靠顾客的口碑来衡量，最终难免进入平均利润率时代，靠经营的规模与素质支撑。

农产品品牌的品质问题根子又在农民手上。农产品不管是家庭经营也好，企业+农户也好，还是企业化经营让农民成为农工，但根本上都是农民的劳动生产了农产品，不处理好与农民的关系，搞好与农民的利益联结机制，简单地当二道贩子或压榨农民，这个事情肯定是不长久的。特别是一个设计理念新颖的品牌，在初入市场一帆风顺的时候，尤其要注意生产这个源头，避免在根子上出了问题。

农产品营销，还需要解决品牌保护这个现实的难题。所有在普通商业上讲起来容易的东西，在农产品的营销上试起来都不太好实现，因为农业不是工业，农产品也不是工业产品。特别是农产品品牌建设还处在初级阶段，低水平的重复与简单复制让好不容易创造出来的品牌很容易受伤。比如，“三只松鼠”，以独特的动物卡通形象出现后，类似的品牌迅速涌现，很容易引发行业性的低价营销恶性竞争。“三只松鼠”的负责人也坦言，这方面的压力是很大的。如果想按相关规则去维护品牌地位，也是相当困难，保护的根本办法又得回到前面说的品牌内涵建设上，就是必须让自己的农产品在品质上与其他品牌形成标志性的差异，这包括源头生产的良好控制、储藏加工包装的精良高效和品牌内涵的深度开掘，注定并不容易。

农产品品牌：从区域品牌到市场品牌的转变

区域公用农产品品牌的形成只是完成了农产品品牌建设的第一步，只是解决了有品牌的问题，但还没有建立起更有效的市场品牌体系，农产品品牌建设依然在路上。

农产品的品牌营销绝对是近年市场发展的大事件，一向土得掉渣的农产品竟然也讲究起品牌，而且日益深入人心，市场经济的魅力可见一斑！

若简单回顾一下，近年的农产品营销已经走出了产品到商品的关键一步。可以回想一下，刚刚改革开放的时候，我们买农产品时哪里想得起什么品牌，国营的商店里供应什么便买什么，只要有就不错了。后来，农村改革全面推行，农产品开始丰富起来，这时候才逐渐有了比较和鉴别，慢慢产生了今天为人熟知的地域农产品品牌，这是一项了不起的成就。比如说，吃苹果大家都知道烟台苹果，后来陕西苹果也上来了，名气大增；而陕西苹果又讲究首推洛川，其次白水、旬邑等；甘肃天水、静宁的苹果也在市场有不小的名气。再比如，枸杞肯定是宁夏的好，但宁夏什么地方的好，地域品牌的推广又让中宁这个地方声名远播。诸多此类的还可以举出许多例子来，像阳澄湖大闸蟹、赣南脐橙、五常大米、沙田柚子、海南香蕉、龙口粉丝、沾化冬枣，等等。

为了打造区域农产品品牌，各地不遗余力，举办各类节会、开展采摘旅游活动、高薪聘请形象代言、广泛开展宣传，推动了一批地域农产品品牌的传播，形成了可观的品牌价值。根据中国农业品牌研究中心发布的“2013 中国农产品区域公用品牌价值年度排行榜”，上榜前 50 名的区域农产品品牌，其品牌价值均超过 25 亿元，其中排名品牌价值第一的涪陵榨菜达到 125.32 亿元，烟台苹果排第二（94.05 亿元），黑龙江的兰西亚麻排第三（85.88 亿元）。上榜的其他农产品品牌也都有较高的市场知名度，像茶叶入选的有西湖龙井、安溪铁观音、信阳毛尖、洞庭碧螺春、福鼎白茶等；苹果除烟台外，还有灵宝苹果、洛川苹果、栖霞苹果、静宁苹果、平凉金果等。可以说，农产品品牌建设取得了明显成效，也在消费市场形成了口碑，为当地产业发展营造了良好氛围。

然而，我要说的重点并不在此，而是想说，上述区域公用农产品品牌的形成只是完成了农产品品牌建设的第一步，只是解决了有品牌的问题，但还没有建立起更有效的市场品牌体系，农产品品牌建设依然在路上。

先说目前地域公用农产品品牌的问题，可能有质量标准难以统一、生产技术水平不高等制约，但核心的还是品牌的市场化程度不高，容易形成“公地悲剧”。可以说，现在的地域公用农产品品牌，就像公地资源或财产一样有许多拥有者，他们中的每一个都有使用权，但没有权利阻止其他人使用，从而造成资源过度使用和枯竭。以苹果为例，好多果贩其实是有好多种包装的，你要什么品牌就用什么外包装，而实际上的东西根本就不是原产地域的，有记者曾在某地的果商处看到过山东、陕西、甘肃等不同产地和英文、俄文等不同语言的各类苹果包装箱，但货源根本不配套。所以，目前的农产品品牌领域，依然是混沌难解，各类仿冒层出不穷，挂羊头卖狗肉的现象屡禁不绝。消费者大体已经知道了哪里的农产品好，但却无法解决“买谁家的好”这个问题。

像茶叶就是一个明显的例子，中国目前是一个整体大而经营主体又小又散的茶叶市场，仅仅一个铁观音，市场上做的企业真不知有几百上千家，谁是李逵，谁是李鬼，辨别绝非易事。我们要买茶叶，首先要找地域品牌，云南普洱还是闽北乌龙？其次要找哪家企业靠谱。而英国立顿作为全球最大的茶叶企业，就不是这样的，它年销售200亿人民币，顾客只知道喝的是立顿的红茶，而不必问印度红茶、斯里兰卡红茶还是中国红茶。在立顿的案例里，是企业的市场品牌超过了茶叶产区的地域品牌。

由立顿也产生出关于中国茶叶的一个命题——为何中国七万茶企抵不上一家英国立顿？当然，这个命题是有问题的，因为中国与西方的茶叶文化是不同的，中国的茶叶文化底蕴太深，客观上形成了小地域品牌林立的现状，很难简单地以红茶或绿茶来笼统应对市场，当然中国缺乏有整合区域品牌实力的企业也是属实的。不过情况也不是没有任何改变，比如到处开专卖店的天福茗茶就在茶叶市场品牌的建设上走出了可喜的一步，初步整合了中国的优质茶叶资源，开发出多达一千八百多种的天福系列产品，包括了乌龙茶、绿茶、红茶、普洱茶、花茶等包装茶、袋泡茶等。能让顾客想得起去天福喝正宗的铁观音，而非安溪铁观音在天福也有卖，这是很艰难的一个消费理念转变，背后的逻辑就是区域品牌向市场品牌的转变。最近联想去做西湖龙井，其实也是在把地域品牌与商业品牌结合起来，试图打开农产品品牌营销的一个新路。

那么我的观点已经很清楚了，农产品的区域品牌最终要转化为以企业为主体而持有的市场品牌。我们今后不但要知道，哪些地方的农产品好，而且要知道哪个企业经营的什么品牌的地方农产品好。目前要做好以下工作：

继续推进区域农产品品牌建设。必须承认，对于农产品而言，区域性是相对于工业产品的独特性所在。高度标准化的工业产品是没有地域性差异的，而一方水土养一方人的农产品有，由此也带给农产品营销一个重要的机遇，就是可以充分挖掘地域特色与优势，从而开拓差异化的市场。所以，区域品牌是市场品牌的基础。现在虽然出现一大批农产品区域品牌，但文化底蕴开掘还很不到位，生产标准也很不统一，同业的低价竞争行为严重。需要当地政府的进一步作为，如加强地域品牌管理，规范生产销售行为等。

继续开掘农产品市场品牌深度。文化是品牌的底蕴，农产品的区域差异大，但主要农产品的同质性现象依然不可避免，只能在地域文化底蕴上求得突破。比如五常大米的独特品牌内涵、甘肃花牛苹果的美丽故事，这是品牌的内在生命力。但是，所有的这些，要把目光落脚在市场的主体——企业身上，要么培育本土企业，要么引进企业，将企业的品牌与地域的品牌建设融合起来，最终才能品牌基业长青。同时，加快农民专业合作组织的行业联合，在农业品牌建设中发挥重要作用。

加快农产品品牌质量标准体系建设。首先是标准化，解决千家万户小生产与大市场之间的矛盾，以统一的标准、规范的投入品管理、科学的生产管理和严格的储藏加工，让理论上无法完全标准化的农产品相对标准起来，外在品质与内在品质相对一致，这是品牌营销的生产基础。其次要在解决质量信任上下功夫，建立全程可追溯体系，以科学的手段让消费者放心。最后要在品牌特征的宣传上做文章，把手感眼观的非标准化农产品鉴别方法转化为普通消费者能简便操作的标准化简单办法。比如，西湖龙井的两叶一心、茶形扁平特征，还有阳澄湖大闸蟹推行的物理辨别方法等。

加强农产品品牌的保护。今天的品牌保护更多地在工业和商业品牌领域，农业品牌还处于培育成长阶段，但可以预见的是，随着时间的推移，农业品牌的保护也会成为现实的课题，特别是以企业为品牌的主体时，这种情况将不可避免。当前，需要完善农业品牌保护的相关规则，比如授权使用制度、原产地域保护制度，如何用之来应对品牌仿冒侵权行为；农业企业品牌的保护如何在地域公有品牌和商业品牌之间界定等，需要研究。

农业品牌路上的八个思考

看进程，山重水复还是柳暗花明？看格局，政府主导还是企业有为？看策略，上下通吃还是一点突破？看实操，立竿见影还是山路逶迤？看竞争，一枝独秀还是百花争艳？看生鲜，混沌未开还是逡巡不前？看内涵，墨守成规还是推陈出新？看定位，老少咸宜还是与众不同？

在一个周末，当我重新拿起2014年秋天就已经看完的《品牌农业：从田间到餐桌的食品品牌革命》一书时，恰好把最近一些天关于农产品品牌问题的零散思考串联了起来，借此作一点整理，大体归结为八个方面。

（一）看进程，山重水复还是柳暗花明

今天的中国农业品牌现状，如果说一塌糊涂肯定也是不客观的，但说总体才起步大体还是合适的，或者说农业品牌在路上。这些年已经走过的农业品牌之路，最为显著的成效是地域公共品牌的建设初具规模，过去大家只知道吃什么东西，现在已经开始讲究吃哪里的什么东西，对地域品牌有了认识，由此才有了阳澄湖大闸蟹、西湖龙井、陕西苹果等一批地域品牌的家喻户晓，这个成绩对整个农业品牌化的进程功不可没。然而，农产品的市场品牌建设依然滞后，进入门槛低，品牌混杂，优势品牌的集中度低，低价营销、同质竞争泛滥，确实又像是一潭浑水。然而，就像越是烂摊子越容易整出好机会一样，农产品今天的局面恰恰为未来大品牌的诞生提供了天然的土壤，已经到了从农业品牌1.0时代向

2.0时代进军的转换时刻，如果能从现在起就下决心做百年老店，开始“不走寻常路”的品牌之旅，未来大为可期！这些年我们津津乐道的褚橙，恰恰是农业品牌用心经营的一个经典案例，只要不急功近利，不本末倒置，品牌其实在口碑营销中就悄然树立，所需要的无非是时间。什么成名要早，什么唯快不破，对于农业品牌而言，还是慎重一些好。

（二）看格局，政府主导还是企业有为

一些专家认为，今天的中国农业品牌化建设根本不符合市场逻辑，地域品牌的建设甚至形成了公地悲剧，缺乏管控，泥沙俱下，市场真假难辨，必须要由企业担当品牌建设主力，甚至地域品牌也要由大的企业“私有化”。这样的观点从目前的市场现状看，有其合理性，但必须明白一个前提，如果没有政府辛辛苦苦地打造地域品牌，企业的市场品牌也起不来。农业品牌之路，注定是政府先打好地域公共品牌的基础，然后以企业为主的市场品牌再来唱主角。现在的情形只能说明，地域公共品牌确实需要转入企业市场品牌建设了。但并不能像一些人设想的那样，把一个地方的品牌直接委托给一个企业、一个协会，因为能够委托的这个企业必须相当强大，而市场还要认可，并能为生产经营者带来更大的福利，可惜这样的企业凤毛麟角！所以，与其埋怨市场太乱，政府不作为，还不如好好练企业的内功。当然，我也与作者的看法相同，政府可以帮助打造品牌，但绝对不会成为品牌的市场主体，最终要靠企业，而一些地方靠政府力量再注册新的品牌企业来运营，同样值得质疑，最终要靠市场来说话。

（三）看策略，上下通吃还是一点突破

品牌的背后是产品的质量，产品的质量来自于产业链的控制。从理论上讲，如果将农产品的生产、加工、销售打通，也就等于实现了“1+2+3=6”的第六产业效应，这无论是对增强品牌的产业控制力还是运营效益都是有利的。但无情的现实是，产业链也可能是一杯苦酒，因为能力、实力、精

力的考验让理想中的美酒迟迟难以发酵出来，而多是无法入口的半发酵品。即使中粮这样的巨头级食品企业也在感叹，各产业链之间难以衔接，更不要说一般的企业。从我的观察看，产业链越短越可能控制，特别是生鲜产品，品控的要求特别高，做产业链这样的重资产即使不愿意也得戮力而为；而像已经加工成为食品的大宗产品，则全产业链的难度会空前加大。

（四）看实操，立竿见影还是山路逶迤

农业品牌建设难，自然有难的原因。所以，对农业品牌这个菜园子的脚下烂泥不可小视。比如，有外贸转内销以为可以轻易拿下市场的，也未必就有好的结果。何以如此？外贸是外贸，内销是内销，一个安心做贴牌或者拿订单，一个却得站在大街上使劲吆喝，完全不是一个路数；更何况，国外的消费市场能与国内一样吗？所以，很有必要树立“重头再来”的心态！就像书中指出的，外销转做内销实际上是企业的一次战略大转移：由大客户定制、采购、加工、贸易的运营模式，转变到聚焦市场需求、产品设计、品牌营销、服务反馈模式；从加工车间，转变到品牌提供商甚至是产业链管理者，这是包括核心能力、商业模式、盈利模式、渠道与终端管控、品牌打造、资源整合在内的经营管理和市场营销能力的一次全面再造和升级。外贸转内销如此，一般的农业品牌同样需要这样的内功。

（五）看竞争，一枝独秀还是百花争艳

在同质化竞争的情况下，低价营销必须成风，最终让整个行业深受其苦。于是有一种想法，能不能通过一个协会整合起来，构建一个共同的底线，甚至说是统一成一个大品牌来闯市场，再造出一个类似新西兰佳沛奇异果的故事来。这样的想法有一定合理性，但要因产业而异。首先，必须承认，在大多数的情况下，一个企业是很难撬动一个产业的，就像一条商业街、一个夜市的起步一样，必须是几十家几百家凑在一起，

这才能产生抱团取暖的聚集效应，这叫“一枝独秀不是春”。但是聚集的经营主体过多，也会因客流总体有限而导致恶性竞争，这就需要规范，一些不合格的经营主体就需要退出了，也就是“百花争艳”的同时需要“唯有牡丹真国色”这样的聚焦效应，即行业领军企业的胜出。谁来做这个牡丹，不是政府决定，而是市场的决定。其次，行业大小不一样，品牌的集中度也会不同。新西兰的猕猴桃产业，总量较小，整合起来比较容易；而像我们的苹果产业，几千万亩的大产业，品牌整合困难相当大，群星灿烂的局面也是合理的。当然，一个县、一个市甚至一个省的某个产业整合起来做一个大的品牌，这个思路是可行的，但基本逻辑依然要建立在市场的机制之上，政府的行政措施可以顺势而为却不可以任性。

（六）看生鲜，混沌未开还是逡巡不前

生鲜领域的品牌建设到今天为止，依然缺乏大的突破，这是一个让人遗憾的事情。几万亿的市场，理论上讲可以养活出大品牌来，但现实却没有。有看法认为，生鲜这样的初级市场，产品差异化非常难，品控更是大难题，品牌建设的前景不容乐观。但今天也有新变化：一是消费升级了，消费者观念变了，特别是80后、90后开始成家立业了，消费习惯明显不同于传统家庭；二是食品安全事件频发，客观上需要放心品牌引领；三是技术上在进步，互联网时代的云计算、大数据、物联网，有利于破解生产者与消费者之间的信息不对称与互信问题。目前的主要问题在于，市场潜规则盛行，挂羊头卖狗肉的乱象普遍存在，“洗澡蟹”“进修鸡”横行，李鬼比李逵还猖狂。现在这个行业需要两个“人”，一个是需要揭穿皇帝新装的小男孩，一个是一辈子做好事的雷锋。我们需要前者把真实的故事告诉消费者，更需要后者从现在开始坚持。一天两天做好事当不了雷锋，几年几十年的坚持才能让好品牌赢得好口碑。

（七）看内涵，墨守成规还是推陈出新

在我们抱怨农产品没有办法像工业品一样标准化的同时，农产品的这种特殊属性也带来了另外一种优势，这就是地域文化的内涵深厚。一方水土养一方人，人的胃是有记忆的，儿时的味道让多少人魂牵梦绕，而吃饭自古以来从不是填饱肚子那么简单，其中的饮食文化、人文情结源远流长，孕育了多少经典故事和感人文章。所以，一部《舌尖上的中国》不仅再次唤醒了美丽乡愁，而且引爆了地域美食消费。于是出现两个不同的声音，是恪守历史的传承，还是在市场的大潮中创新？其实两者并不矛盾，如果没有历史的传承，这些美食就等于抽去了文化的内核，与一般饮食没有两样；而如果不是《舌尖上的中国》的热播，又有多少传统美食还在穷乡僻壤中有待人知？我们老讲，酒好不怕巷子深，这个话要正确理解，其前提是大家已经知道你的酒好。如果是自认为酒好，便一味在深巷苦等，那可能就像被迫拉货的千里马那样老死厩中了，前提还是营销。所以，今天需要更多的农产品讲出文化、讲出乡愁、讲出快被人们遗忘的东西来，就是现在常说的，讲好故事，发出更多农产品品牌的好声音，这是必须尽快补上的一个大课！

（八）看定位，老少咸宜还是与众不同

目前的农产品品牌定位，往往进入一个误区，为了获取更多的消费者，所以在努力地打造老少咸宜的形象。其结果往往是：老少咸宜，老少皆不宜；男女通吃，男女都不吃。整个居民消费已经到了个性化的时代，市场细分、品质差异开始大行其道，必须在大众化消费的小众化市场中深度开掘。也就是这本书提出的，“内在品质差异化、外在化”。比如在竞争惨烈的坚果零售行业中，“三只松鼠”却异军突起，一个互联网森林品牌的概念，一个极致的细节体验，三个可爱松鼠的使劲卖萌，在90后年轻群体中赢得了大量粉丝，不要大讲什么营养美味，而是带给年

轻人一种不一样的感觉就够了。你不能说自己在每个环节上都很完美，但至少有一个环节非常突出；你不能说自己会让每个人满意，但至少能让一部分人满意，这大概就是今天的农产品品牌定位策略吧。

从多元化到产业链的投资演化

——农业上市企业的启示

农业的弱质性与资本逐利性之间的矛盾让农业公司非农化，但教训表明，那些不熟悉的却看着前景无限的产业，尤其要抑制决策冲动。与其在生疏领域盲目冲动，还不如在大农业领域深耕。

总体看来，农业上市公司的特点是：股本规模偏小、流通市值偏低、经营实力偏弱、抗风险能力较差、再融资较难、投资效率不高，而且容易出现偏离主业的投资决策行为。当然，这也不排除一些企业本来就是为了上市的指标而披上农业公司的外衣，一等上市便露出本来的面目。但归根结底是农业的弱质性与资本逐利性之间的矛盾，即使上市时说好的投资项目，也会千方百计地找理由拖延直至变更。

农业上不好挣钱，但非农项目就好么？据媒体报道，第一家种业上市公司——丰乐种业就没带什么好头，涉足了证券投资、酒店等非农业务而且规模不小，其中违规动用募集资金用于证券投资还被处罚过。被称为西部种业第一股的秦丰农业也曾热衷于多元化投资，不仅在大农业范围内跑马圈地，搞了种业之外的畜牧业、水果、农药、农资连锁等；而且也广泛涉足了房地产、金融、酒店等非农业务，但可惜得很，最终这些多元化都成了湿布衫，效益见不上，拖累却很大。到最后，秦丰农业濒临退市，重组必不可免。罩着院士袁隆平神圣光环的隆平高科上市后也曾经干着用募集资金搞理财产品、投巨资打新股的闹剧，很是让媒体挪揄了一番。但最终惨痛的教训终于还是让农业上市公司明白一个道理，在一个产业过剩的年代，光有钱景是不行的，核心是经营管理水平，特别是人才。那些不熟悉的却看着前景无限的产业，尤其要抑制决策的冲动。

与其在生疏的领域盲目冲动，还不如在大农业领域深耕。大概从2005年以后，产业链的概念开始兴起。在中石化私有化了几家子公司开始梳理产业链布局之后，一些多元化的企业也纷纷整理产业布局，力求更加简单明晰，主为突出。典型的像万科，最后全力发展房地产业，而且在房地产业内又集中发展住宅业。各大农业上市公司也纷纷启动产业链的进程，壮士断腕，回归主业，在产业链上进行尝试挖掘，曾经多元的丰乐种业也还是回到种业上来了。

然而，产业链也不是谁想搞就能搞。表面看起来是少了中间环节，产业链各个环节衔接更紧密。但从一个链条环节到另一个链条环节的跨越困难并不少，不比跨界搞多元化容易多少。更重要的是拼资本实力、拼人才储备、拼经营管理水平。以双汇的实力，多年不在产业链上下狠心，自然也是有原因的。到2011年央视“3·15”晚会“健美猪”真相曝光后，双汇痛定思痛，开始摆脱单一的收购加工模式，向产业上游延伸。最终于2013年中期斥巨资收购了美国最大的肉类生产商史密斯菲尔德公司，从育种、饲料、养殖到屠宰、深加工、品牌肉食的全产业链基本架构初步显现。

全产业链战略的实施也要与公司的发展程度相联系。很小的公司可以小而美，特大的公司可以深而全，中型公司却最难受。对于中型公司而言，不搞全产业链，受制于人；搞全产业链，实力不济，只好从长计议，一年一点努力前行。如果中间能遇上投资方，那是最好不过了，但只是一种理想的状态。看目前的农业公司经营现状，有多少还徘徊在产业链的大门外！

全产业链也绝不是减少中间环节那么简单，而是增强市场开拓的能力与主动性，某种程度上，也是一种实体产业的“C2B”模式，由原来简单的“生产—加工—销售”模式向“市场开拓—订单加工—计划性生产”模式转型。而且产业链内部的融合，也绝对不是简单的组装，而是需要电脑软件与硬件的协调和各软件之间的兼容。如果不能在内部实现有效融合，则成本可能还大于市场交易。

农业的全产业链有两种基本模式，一种是小农业领域的全产业链，把产前、产中、产后环节拉通，种、管、收、售一体，以农业为主体，二、三产业为配套服务；一种是大农业领域的产业链，从原料生产到加工包装再到市场销售，把三次产业链条全部打通，以二次产业为核心，农业退缩为原料供应。

全产业链的具体实现形式也有差异，在特色产业中追求“宁为鸡头不为凤尾”是一种弄法，而在大产业中“不求所有但求所在”也是一种弄法，具体因产业、企业实力而异。联想的佳沃农业则依靠集团的强大实力，起步就开始做具有全球视野的全产业链模式，立意高远，出手不凡，却也是一般公司不敢望其项背。近年上市的好想你、雏鹰农牧等农业公司算是全产业链的典型代表，而且在上市一段时间内业绩还相当不错，但继续做大的路径还需要探索。

野蛮生长之后怎么办

——农业民营企业的出路问题

能不能建立现代企业制度将是农业企业主是否能从“土包子”转型为现代企业家的分水岭，也是一个农业企业能否真正做大做强的关键。一个大企业绝对不可能是企业主还在事必躬亲，而是要有一个清晰透明的企业产权制度和高效管理制度，靠一个有力的管理团队来运营。

听说在当下的民企老总中，冯仑是一个很有思想的人，也不乏一批拥趸。我慕名而读，发现读了还真不后悔。我的直观感觉是，他不仅有思想，更能说出来，而且说得相当好。就像柳传志评价的：“冯言冯语，有情有性，无忌无讳，见仁见智。”那么读了《野蛮生长》之后，我感受最深的是关于民营企业的曲折历程与未来出路问题的讨论。

先说民营企业改革开放以来的曲折历程，冯仑恰当地用了“野蛮生长”这个词，至少包括两层含义：一层是说，民营企业的兴起本身就是在制度政策不明朗的情况下于夹缝中闯出来的，确实有一些现在看来说不清道不明的东西在里面；另一层是说，民营企业的成长过程确实也存在一些不规范的东西，如违背商业原则、违反相关规定，甚至是突破法律界限，铤而走险，也即当下常说的民企“原罪”问题。现在有声音说，要追查民营企业的“原罪”问题。对此，冯仑的意见是不宜深度追溯倒查，因为主要是特殊历史时期的特殊产物；但今天的民营企业发展绝对要规范起来，因为今天的各项制度已经规范，企业也不要再想着像过去那样“野蛮生长”了，这个历史阶段过去了。

过去的事不说也罢，关键是民营企业的将来怎么办？政策方面的问题不大，主要是民营企业自己的问题，即怎样建立现代企业制度，让企业长久发展下去。这个问题可以说点到了民营企业的软肋。好多民营企业红火一时，最终轰然倒下，管理出了问题是重要因素。

对于管理的问题，我虽然没有在企业干过，但感受却比较深。前段时间我也在与大家讨论农业企业的发展问题，发现农业企业的管理就很有代表性，很容易遭受发展瓶颈，做到几千万可能就上不去了，而在竞争激烈的市场经济中，不进则退，很可能企业也就此衰落下去。所以，我说能不能建立现代企业制度将是农业企业主是否能从“土包子”转型为现代企业家的分水岭，也是一个农业企业能否真正做大做强的关键。一个大企业绝对不可能是企业主还在事必躬亲，而是要有一个清晰透明的企业产权制度和高效管理制度，靠一个有力的管理团队来运营。

农业企业如此，依靠家庭成员打拼起家的民营企业情况也好不到哪里去，纷争一时的真功夫股权争夺战就是典型的家庭内战。中国人的家族亲情胜于法律制度，创业期同甘苦不要紧，一旦到了企业做大，利益分割就是十分困难的事情，很容易同室操戈，这样的例子已经太多了。但奇怪的是，国外也有家庭企业，而且几百年相承的都有，又是为什么？因为他们的企业早已股权社会化、管理经理人化，不会因为家族内讧或者家族传人能力不足而影响企业的发展甚至是导致剧烈波动，这恰恰是中国家族企业不具备的。

冯仑对民营企业的管理问题看得比较通透，一个是坚持企业社会化，不是死守股权，不是一心守在自己家族手中，而是以开放的胸怀欢迎社会资本与人才进入企业；另一个是把亲情与法理分开，宁可给钱也不能让家族或者亲戚朋友关系户在企业工作，以保证企业管理制度的执行；还有就是不迷信自己的能力，广纳英才，让管理团队去负责企业的日常管理运营，自己反倒可以做做慈善登登山，这才是成熟企业家的标志。

当然，一般的民营企业要做到这一步，绝非易事。一是观念的影响，不把股权、管理权掌控在自己手里，似乎企业就不是自己的；不传承给自己的子女，好像企业就拱手让人了。二是认识的局限，管理到底是什么，自己能力有多大，往往很难说得清。实际上管理这事情，不怕能力弱，就怕太自信，像诸葛亮当丞相，事无巨细，亲自上手，累死了不说，还造成了蜀中无大将的局面；而刘邦自觉能力不行，结果文有萧何武有韩信谋有张良，反倒事业兴旺。三是人才的制约，好多企业不是不想建立现代企业制度，只是苦于无人，农业企业尤其如此。人才缺其实是一个相对的概念，什么时候人才都是缺的，关键看如何看待人才、吸引人才、留住人才，六国为秦所灭，人才战略出了问题是重要因素。所以，民营企业的人才问题，既要靠待遇引人、感情留人，更要靠内心的尊重和企业发展的良好前景来深度凝聚。

当前的中国发展已经过了改革开放初期的暴风骤雨式的阶段，进入了相对平稳增长的新常态，民营企业想要再像当初的那些民营企业一样突然间暴发，也是十分困难的，必须适应新常态，建立现代企业制度，加强企业管理，注重创新，这样才能在激烈的竞争中稳步前行，实现永续经营。

下篇

农业投资的课外课

——互联网农业不好玩

在今天这个年代，不讲点互联网思维、不说说电商，似乎就落后于时代了，就像20世纪80年代没有说文学、90年代没有去炒股那样赶不上潮流。农业依然是这样，互联网农业因为网易养猪而声名大噪，尽管等了8年网易猪才终于出栏，但依然不妨碍联想、乐视等互联网企业继续投入农业；农产品电商被视为电商最后的“蓝海”，尽管几千家农产品电商几乎无一赢利，但依然不妨碍顺丰等行外的企业亲自挽起袖子大干一场，然而情况就好么？

“互联网 + 农业”什么样

互联网与农业，一个现代一个传统，一个像阳春白雪，一个像下里巴人，本来风马牛不相及，但这两年随着互联网技术对农业的渗透，互联网与农业逐渐紧密结合起来，从对农业的深度改造开始，到颠覆农业的传统营销模式，再到互联网公司跨界进入农业生产领域，一场轰轰烈烈的互联网农业盛宴正在上演。

2015 年“两会”上，总理报告中的“互联网 +”一亮相便引起热议，各个行业都在讨论互联网加了自己会怎么样。作为一个农业工作者，我也凑个热闹，说说我眼中的“互联网 + 农业”。刚好那几天在读《工业 4.0——即将来袭的第四次工业革命》，主要是讲人类将迎来以信息物理融合系统（CPS）为基础，以生产高度数字化、网络化、机器自组织为标志的第四次工业革命，很受启发。可以看出，在互联网技术的推动下，基于人机互动、社交新媒体、大数据、云计算、物联网等新兴科技发展的基础，工业正在从传统的技术推动型向软件控制型进化，即嵌入式软件系统将主宰工业的整个产品周期，从研发到设计再到生产再到改进与回收等，以适应消费需求的多样化与小批量生产，也适应不断复杂的产品功能与控制系统，形成智能工厂与智能生产。这就预示着，互联网已经由我们传统意义上的一种工具、一种载体、一种思维方式全面渗透进产业的各个环节，整合为一体，并在其中居于主导地位。套用“改革中的问题要通过改革来解决”一说，则互联网带给产业的现实问题也要通过互联网来进一步解决，任何躲避与视而不见，都是十分危险的，其代价要么是被边缘化，要么将被历史淘汰！

那么再看互联网与农业，一个现代一个传统，一个像阳春白雪，一个像下里巴人，本来风马牛不相及，但这两年随着互联网技术对农业的渗透，互联网与农业逐渐紧密结合起来，从对农业的深度改造开始，到颠覆农业的传统营销模式，再到互联网公司跨界进入农业生产领域，一场轰轰烈烈的互联网农业盛宴正在上演。所以，“互联网 + 农业”不是正在讨论的未来问题，而是正在发生的当代问题，不是理论问题，而是实践问题。

实际上，在 2012 年 11 月召开的中国共产党第十八次全国代表大会上，“四化同步”被写入大会工作报告，即在确立城乡一体最终路径的基础上，进一步提出“促进工业化、信息化、城镇化、农业现代化同步发展”，从原来的“三化（工业化、城镇化、农业现代化）同步”到“四化同步”，标志着对信息化和农业现代化关系的认识达到一个新的历史水平，也表明信息化不再只是推进农业现代化的一种技术工具，而是作为一种新型生产力的核心要素融入现代农业产业体系和价值链。也就是在这种背景下，互联网农业已经呈现出方兴未艾之势。

“互联网 + 农业”，就目前的实践看，主要是将互联网技术运用到传统农业生产中，利用互联网固有的优势提升农业生产水平和农产品质量控制能力，并进一步畅通农业的市场信息渠道、流通渠道，使农业的产、供、销体系紧密结合，从而使农业的生产效率、品质、效益等得到明显改善；如果再放眼未来的话，农业也可能在互联网的影响下走上一条智能化、多样化的发展道路，这将取决于互联网在农业中的渗透程度与实际运用融合程度。

“互联网 + 农业”，正让农业驶入信息化快车道。凭经验，靠感觉，看别人的样子，这种传统的农业生产经营模式正因为互联网的普及而加速改变，大量的农民正在运用互联网决策自己的生产经营活动。由于互联网的信息收集优势，大量农业相关的市场信息、产品信息、技术信息、资源信息开始网上汇集，并出现专业分析，大大方便了农业生产经营决策。到今天为止，中国已有4万家农业类网站，演化出综合门型、研究分析、专业集成、产销对接等不同定位的农业网站，并进一步呈现加快细分的态势，不仅种植业、畜牧业、渔业、农产品加工等次级行业已经分开，就是每个行业内部也逐渐专业化，玉米、马铃薯、牛、羊、猪等专业网站不断涌现。特别是近几年，农业新媒体开始活跃，微博、微信、手机平台相继出现，农业信息化向纵深挺进。

"互联网+农业"，正为农业现代化装上加速器。互联网的信息集成、远程控制、数据快速处理分析等技术优势在农业中得到充分发挥，4G、云计算、物联网等最新技术也日益广泛地运用于农业生产之中，集感知、传输、控制、作业为一体的智能农业系统不断涌现和完善，自动化、标准化、智能化和集约化的精细农业深度发展。在一些现代化的种养殖基地中，早已告别传统的人力劳动场景，养殖场管理人员只要打开电脑就能控制牲畜的饲喂、挤奶、粪便收集处理等工作，农民打开手机就能知晓水、土、光、热等农作物生长基本要素的情况；工作人员轻点鼠标，就能为远处的农作物调节温度、浇水施肥。而基于互联网技术的大田种植、设施园艺、畜禽水产养殖、农产品流通及农产品质量安全追溯系统加速建设，长期困扰农业的标准化、安全监控、质量追溯问题正因为互联网的存在而变得可能与可操作。

"互联网+农业"，已为农产品销售搭建新平台。利用互联网，将产销之间的距离大大拉近，让产销充分对接、消费者与生产直接见面成为现实中的可能，有利于减少生产的盲目性，扩大销售的视野，有效对抗市场风险。特别是随着电子商务的兴起，农产品流通领域互联网程度明显提高，国家级大型农产品批发市场大部分实现了电子交易和结算；电商又进一步让农产品的市场销售形态得到根本性改变，从最初的干果、茶叶、初加工品网上销售开始，在仓储物流技术和条件不断改善的情况下，生鲜农产品的网上销售也得到破题，农产品电商2014年达到1000亿元规模，大量生鲜电商创新案例涌现，出现生鲜电商八大平台，跨境生鲜电商风生水起。与此同时，微博、微信与电商结合来推销农产品的成功案例层出不穷，微营销中农产品的身影频频出现。

“互联网+农业”，将为农业发展方式带来终极煞。互联网在与传统产业的结合中，越来越表现出不甘于配角地位的特征，一步一步渗透并在最终主导传统产业的发展方式。如果说前面提及的三个方面还只是互联网对农业的介入和改造的话，则近年出现的互联网营销让农业的发展方式从根本上改变了，这就是颠倒了一般意义上的“生产—销售”模式，而是运用大数据分析定位消费者的需求，按照消费者的需求去组织农产品的生产和销售，从而让农产品不再卖难在理论上成为可能，也在现实中得到初步的实践，形成了电子商务的“C2B”模式，即消费者对企业（customer to business）。比如，乐视网就宣布其有机农业运营上借鉴C2B订单销售模式，而在QQ农场模式基础上融合预售与电商模式的聚土地项目已经完成第二代升级，大量的农业类众筹开始出现，互联网正让农业的生产方式根本性转变。

当然，互联网也不是可以在农业领域为所欲为，就像电商并不能改变商业的基本逻辑一样，互联网并不能改变农业的自然属性，但只要遵循经济的、生态的、社会的规律，“互联网+农业”还会带来更多改变，让人更加期待！

互联网农业的三大模式

当前互联网农业主要有三种模式：一是互联网技术深刻运用的智能农业模式，二是互联网营销综合运用的电商模式，三是互联网与农业深度融合的产业链模式。

互联网农业，当前很热，报道出的模式也较复杂，甚至概念高深，但综合起来，主要可归纳为三种模式：一是互联网技术深刻运用的智能农业模式，二是互联网营销综合运用的电商模式，三是互联网与农业深度融合的产业链模式，而且这三种模式呈现梯次推进的状态。

（一）互联网带来的智能化让农业也如此现代

2012 年 12 月中旬，一位记者来到位于北京密云县西康各庄村的海华云都生态农业股份有限公司奶牛养殖基地，探访这里的智能化养殖，发现仅仅四五名饲养员，就能在半天时间内为数千头奶牛挤奶，这让他大为惊奇。为什么可以？每头奶牛一出生都会戴上一只专属的电子“耳钉”，里面储存着奶牛的所有身份信息，包括出生时间、谱系、初次产奶时间等，只要进入挤奶大厅，就会与相关设备相连，读取奶牛“耳钉”里的信息，并通过挤奶杯上的感应装置传输到后台，每次挤奶的奶质是否合格得到监测。其实这还只是养殖业智能化的冰山一角，目前动物的智能化精确饲喂系统，以计算机为控制中心，以饲喂站作为控制终端，以称重传感器和射频读卡器采集动物信息，根据科学公式运算出饲料日供量，再由控制器控制机电执行部分精确下料，饲喂动物不再是过去的人工操作，而是在计算机上轻点鼠标。

在种植业，同样呈现智能化的系统性操作情形。例如在陕西的西咸新区泾河新城秦龙现代生态智能创意农业园里，喷药施肥靠无人飞机，地面遥控员通过雷达和GPS导航对其遥控、定位、喷药施肥和传输数据；采摘番茄机器人代劳，通过多传感器数据融合技术，具有获取果实信息、判别成熟度、确定收获目标的三维空间信息标定能力，再引导机械手完成抓取、切割、回收任务。

互联网带来的农业智能化浪潮，是以计算机为中心，对当前信息技术的综合集成，集感知、传输、控制、作业为一体，将农业的标准化、规范化大大向前推进了一步，不仅节省了人力成本，也提高了品质控制能力，增强了自然风险抗击能力，正在得到日益广泛的推广。

（二）互联网带来的电商热潮让“三只松鼠”脱颖而出

成立仅1年，营业额就达到3亿元，仅2013年“双十一”当天就销售3562万元，如果不是在互联网时代，不可能诞生这样的奇迹！创造这个奇迹的就是一个叫做“三只松鼠”的电子商务公司，其标签是第一个互联网森林食品品牌，代表着天然、新鲜以及非过度加工，主要销售坚果，上线仅65天销售就在淘宝天猫坚果行业跃居第一名。奇迹是如何诞生的？

从表面上看有三条十分关键：首先，“三只松鼠”的产品并不特殊，只是松子、山核桃、碧根果等干果，但是做得很时尚，紧盯80后、90后的时尚人群；其次，品牌形象十分有特点，是童真、可爱的动漫小松鼠，又以森林绿色和高端黑色作主打色，形成基础、直观的品牌记忆点；再次，产品细节十分周全，以时尚文化延伸与三只松鼠有关的东西，比如，产品的包装上撰写松鼠卖萌的小故事；加上倡导“慢食快活”的微杂志、绿色封口夹、剥壳器；将果壳垃圾袋命名为“鼠小袋”，擦手用的湿纸巾叫作“鼠小巾”……所有这些随同产品出现，明显有别于一般干果产品，自然能引起消费者的满足感和惊喜感，迅速形成品牌认同和口碑传播。

若从策划运营角度看，则同样有三条关键因素：首先是细分市场理念的良好运用，运用大数据，精准定位目标客户，避免了泛化营销，没有特色；其次是以精良的客服实现与客户的密切互动，把简单的“B2C”模式演化为“B2C2B”，不断改进产品质量；再次是产业链的控制，既没有走从头到尾的全产业链经营，也没有单纯的外包生产，而是把原材料供应外包，审验达标后精选分级包装，从而实现了轻装上阵与产品质量控制的良好结合。

“三只松鼠”带来的启示是：互联网时代的产品销售，不要妄想包打天下，而是要深入研究行业规律，以特色迅速起步，特别是要重视时尚文化的运用，那些年轻的买家们，可能表面买的是东西，实际买的是文化，是那种感觉。谁给了年轻人想要的那一种滋味，谁就会赢得市场！

（三）联想佳沃开创的跨界时代

2013 年 11 月 12 日，继佳沃蓝莓于同年 5 月上市后，联想控股旗下的农业板块佳沃集团宣布推出第二个旗舰水果产品佳沃金艳果猕猴桃，但非常特别的是，联想此次推出的猕猴桃与昔日“烟草大王”褚时健种植的“励志橙”一起，组合成“褚橙柳桃”首发，随即引发市场热议，并连带引发潘石屹代言家乡苹果、任志强代言家乡小米……一时间，褚橙、柳桃、潘苹果等成为农产品品牌营销的佳话。而产品的上市，也标志着联想农业初步结出果实。

联想进入农业有标杆性意义：它标志着互联网农业迈入产业深度融合的新层次，也标志着资本下乡进入了资本跨界运营的新阶段。联想对农业的改造是全方位的，不仅用互联网技术去改造生产环节提高生产水平，而且运用互联网技术管控整个生产经营过程确保产品品质，还运用互联网技术对产品营销进行了创新设计，最终将传统隔离的农业一、二、三产业环节打通，形成了完备的产业链。同时，依托联想的全球化视野，可以在全球范围内进行产业的布局。也即联想提出的“三全”解决之道，即全程可追溯、全产业链运营、全球化布局。

联想农业的可贵之处在于：对农业的深度研究与平和的预期。首先，联想没有选常规的粮油蔬菜等产业，也没有像网易那样去搞养殖业，而是选择了产品较为高端、利润提升空间相对较大的蓝莓和猕猴桃，这让运行有了可靠的产业基础，形成了盈利的预期。其次，充分进行了资本运作，没有从头开始，而是采取了收购的办法迅速形成规模化生产基地，缩短了投资期限。再次，联想意识到农业是一个长周期的产业，于是柳传志特别提醒负责农业板块的陈绍鹏：“我们不急着挣钱。十个亿，二十个亿咱们投得起，咱们一步一步稳着做。”当然，联想充裕的资本实力也让他们有了这样说话的底气。

虽然网易猪 8 年才终于出栏，但“柳桃”却很快就成功上市，还有更多的互联网企业摩拳擦掌准备进入农业领域，未来的互联网农业还将风生水起。是借着农业的概念吹起又一波的概念泡沫，还是通过深刻改造和深度融合让农业从此与以往大不同，尚需在实践中仔细观察。

高大上还得接地气

——互联网农业的问题与出路

互联网与农业，其结合不管多么富有传奇和情调，最终得体现在“家和万事兴”上。互联网“+”的核心在融合，合二为一，不是两张皮，不是炒概念。

尽管概念足够吸引人，内涵也相当现代，但依然不妨碍农业的“横眉冷对”，互联网农业，理想丰满而现实骨感，真的不好做。网易七八年不见一头猪上市，联想农业还在亏损，京东商城上的“强东大米”基本没有对外销售，即便是该公司内部员工，也越来越少吃到“强东大米”了。其他大举进军的互联网农业，估计还需要很长时间才能达到量产水平，盈利模式更是遥遥无期。说句玩笑话，女人再漂亮，娶回来是做媳妇的，最终得结婚生孩子，互联网与农业的结合，不管多么富有传奇和情调，最终得体现在“家和万事兴”上，得有一些内功的扎实修炼，否则有可能是新一轮的泡沫。

（一）“互联网 + 农业”的四大问题

一是融合不到位。大多是空有概念，看上去很美，而实效了了。比如，最为典型的是高调的网易猪七八年无法上市。再比如，乐视螃蟹喧嚣一时，但后面也就不大有声音。联想佳沃农业的负责人陈绍鹏在一次分享会上讲，最顶尖的互联网人才有，最顶尖的农业人才也能请得来，但打通二者的复合人才没有。显然，互联网跨界到农业是可以的，但要做好农业，融合的进展并不顺利。

二是落地不到位。智能农业依然高大上，距离一般生产还有距离。比如智能温室，基础投资一个平方米就上千元，还不算配套设施与智能控制系统，而在一个平方米上究竟生产什么才能卖到这么多钱，确实是个问题。联想农业的“三全六统”为人乐道，但投入成本高昂，一亩地下来动则数万元，至今不盈利，一般的农民根本投不起，一般的企业也不敢投。

三是模式不成熟。总体还处于探索阶段，方向有，但路径不明晰，想象中的模式在实践中还有检验修正的过程。比如被誉为最后一片电商蓝海的农产品电商，进去的人都喊苦，因为套用工业品的电商模式根本不适用农产品，最终换来的结局是4000家电商仅1%盈利，一批先锋变成了先烈。

四是基础不牢靠。互联网是一个需要信息通讯、交通物流、储藏加工、现代营销等多个体系相融合的复杂系统工程，非一时之功可以见效。比如要命的农村物流问题，尤其是农产品冷链体系，在国家基础投资没有到位的情况下，靠任何一个农产品电商企业自己建，都是无法承受的“超重”模式。

（二）对“互联网＋农业”的五点建议

互联网与农业，一个像阳春白雪，一个像下里巴人，其结合不管多么富有传奇和情调，最终得体现在“家和万事兴”上。

第一，还是深入推进融合。“+”的核心在融合，合二为一，不是两张皮，不是炒概念。互联网农业，既要用互联网思维改造农业，用互联网技术提升农业；也要懂农业，符合农业规律，不能不切实际，生搬硬套。最终无论是理念上，还是实践上，都要具备可行性。

第二，应该持续推动创新。比如品牌问题，做农业的多了去，好的农产品也不缺，但缺少能让消费者记得住、信得过、消费之后就放不下的农产品品牌。互联网用了那么多新技术，打通了那么多产业瓶颈，如果最终不能在这一方面有所建树，真是有点白来农业领域一趟的味道。这个品牌要亮，地域品牌为基础，商业品牌做提升；内涵要新，吃的不仅是产品，还要有文化；品质要优，不管做生态有机还是绿色无公害，关键是生产过程控制得怎么样，能不能经受安全考验；营销要特，买得方便，送得及时，包装独特，产品新鲜，有自己的特点。

第三，不断提炼模式。农业上玩概念根本不长久，吃的东西最终靠品质，行业迟早要向平均利润率过度，更不要说让人头疼的低价营销，亏本赚吆喝的事不可持续。所以，核心竞争力才是根本。互联网农业竞争中最终胜出的将是高效的管理，以此保障产品的高品质、企业运营的低成本、市场营销的高效率，从而从低价营销的恶性循环中逃脱出来。最终的依靠是，企业领导人对产业战略的把握、优势人才构成的精干团队、与互联网一样永不停歇的创新和能让企业基业长青的有效机制与文化氛围。

第四，尊重农业规律。比如，农业有不可违背的区域性、季节性、鲜活性，必须从这个特性出发来做互联网农业，而不是让农业按互联网的要求改变这些不可能改变的自然属性。互联网“唯快不破”，农业“欲速则不达”，要遵循经济规律 + 生态规律 + 社会规律。

第五，保持良好的心态。与互联网的一日千里、千变万化相比，农业显得安静祥和、不紧不慢，你也可以嘲笑他龟速前行，什么生产周期长、见效太慢之类，但农业注定是生物按照自然规律的生产，不尊重这些规律注定是要受到教训的。所以，没有一点耐心是做不了农业的，联想农业做好了十年不盈利的准备，乐视网显然也有了长期作战的思想。特别是要警惕那些不太靠谱甚至不健康的想法，想打农民土地的主意最终可能给自己套上脱不下的湿布衫，想套取国家的项目资金最终可能在

“长袖善舞”中偷鸡不成反蚀一把米，想靠农业挣大钱最终只见涓涓细流而非财源滚滚，等等，数不清的事例已经证明，现实的回应是多么残酷。

然而，农业究竟是一个永恒的朝阳产业，只要人类要生存，农业就永远存在，也就永远有投资和收益的前景，就看具体的做法了，互联网农业也不例外。

一说褚橙：从“褚橙柳桃潘果”看资本下乡

褚橙难以复制，有特殊综合因素；柳桃是商业探索，模式值得总结；潘果尚为道义，急需产业转化！要投资农业，就是要真正做农业，挂羊头卖狗肉风险大于产业本身。把农业问题想复杂些，做起来就简单；把农业问题想得简单，做起来就很复杂。

随着党的十八届三中全会对农村经营体制的进一步放活，资本下乡再次成为热议的话题，大型工商资本“跨界”到农业行业的现象多了起来，而“褚橙柳桃潘果”也成为近年为人津津乐道的“跨界”代表。我的总体看法是：“褚橙”难以复制，有特殊综合因素；“柳桃”是商业探索，模式值得总结；“潘果”尚为道义，急需产业转化！

“褚橙”就是原红塔山集团董事局主席褚时健从监狱出来后，以70多岁高龄进入农业领域创业而种植的生态健康农产品，只是冰糖脐橙的一种。正如褚橙的广告词，“人生总有起伏，愿精神可传橙”，褚橙行业内也叫励志橙，更多地体现为一种精神象征，即怎样在人生的起伏中不断实现自我，而其商业路径一般人是难以复制的，因为其基本上是唯一的。当然，这并不代表褚橙在产业上没有示范意义，除了褚老先生的个人营销力之外，是什么因素促成了橙子品牌的形成呢？其他农产品是否有复制的机会呢？我感觉有三点特别突出：品质为先，自控渠道，特惠农民。先说品质为先，褚时健老先生讲水果必须要和香烟一样有品牌，农产品品牌的核心就是品质，特别是水果，卖的就是安全、好味道。褚橙是从湖南引进的，近 10 年内，褚时健带领果园内的农户做了大量的改良工作，真正做到了“十年磨一剑”，最终实现了褚时健讲的“把品质做好最重要，市场会求着你的”。再说自控渠道，从 2009 年开始褚橙逐步把代理权回收，直接对经销商进行管理，携品质以令渠道的态势已成，生产者逐步升级为价值链管理者。当然，这个以褚时健的个人影响力和品牌的底气为基础，一般的农产品不一定学得来。再说特惠农民，像水果这样的劳动密集型产业，好东西一定是农民种出来的，所以褚橙的生产在经济利益、人文关怀、激励考核等方面做了精心设计，让农民愿意按标准生产好的产品并受益。

“柳桃”，即联想控股旗下的农业板块佳沃集团推出的第二个旗舰水果产品佳沃金艳果猕猴桃，因联想的掌门是柳传志而得名。本来“柳桃”之名还没有约定俗成，因为联想于 11 月初正式推出佳沃金艳果猕猴桃时与昔日“烟草大王”褚时健种植的“励志橙”一起，组合成“褚橙柳桃”首发，迅速让这一新词在市场发酵。褚时健与柳传志两位传奇式企业家晚年不约而同投身农业，从种植开始脚踏实地做农业，从而让“褚橙柳桃”这个特别组合有了十分突出的时代意义，即诚信做农业、为中国消费者提供安全高品质食品。联想农业有几个很好的理念：第一，他们知道农业不是工业，做好了十年不挣钱的准备，有长远眼光，而这种踏实是好多资本下乡者不具备的，当然好多资本下乡也没有这个实力。第二，农业与电子信息产业虽隔行很远，但联想用电子信息改造传统农业却很在行，让农业的产业形态得到改良，为现代化、标准化生产和品质保障奠定了基础。第三，联想知道农业要挣钱，但不是挤农民，而是与农民共赢，那些不让农民得利的公司最终自己也要吃亏。第四，农业公司也要上市，但不能是仅仅圈钱，而是更好地盈利，就像火箭升空后要有二三级动力，所以必须有长远考虑，而不是急功近利。

至于“潘果”，则是因为地产大亨潘石屹发了几条关于家乡苹果促销的微博，于是有人便呼唤“潘苹果”尽快上市，但目前并没有真正的生产。其微博上能明显体现苹果营销痕迹的就是 11 月 19 日发布的一条微博：“有网友建议在纽约的 gm 大厦设一点卖肉夹馍；在 @ 银河 SOHO 设一点卖天水的花牛苹果。后一个建议可考虑，前一个先放一放。”那么在之前，他也发过几条关于天水苹果的微博，如童子尿花牛苹果、榨汁酸苹果等，但并无真正投身苹果种植的意向。所以，“潘果”目前只是帮助家乡苹果销售的道义呼声，缺乏真正的生产支撑，所以市场上是不存在真正的“潘果”，除非潘石屹真正开始投资苹果产业。但可以想象一下，如果真的“潘果”上市与那么多的高端地产业主结合起来，又会是怎样的形势？

有投资家讲，投资农业就是投资未来，现代农业前景无限。然而，真正的农业投资现状却呈现一半是海水一半是火焰的状态，在农业中赚钱，何其不易！网易七八年不见一头猪上市，联想的蓝莓虽已上市，但已经做好十年不盈利的准备。那么，通过对“褚橙柳桃”的简单观察，可以总结出资本下乡的一些基本规律。

第一，要端正投资思想。联想缘何跨界务农，他们自己讲有两大理由：一方面，发展现代农业是一项利国利民利己的好事，不仅面临着重大的产业机遇，也有重要的社会意义。另一方面，落后就是机会，就有改进的空间，也一定会有合理的利润回报。于是联想控股决心进军农业，作为联想控股的“二级火箭”。然而，在现实中，好多资本下乡并不是真正为了做产业，有的想打土地的主意，结果偷鸡不成反蚀一把米；有的为贪图国家的项目资金，结果陷入不断争取资金项目不断粉饰业绩的恶性循环无法挣脱；有的纯粹是打地方长官的政绩牌，想着从形象工程中换取其他好处，结果容易陷入人走政息的尴尬境地。所以，要投资农业，就是要真正做农业，挂羊头卖狗肉的行为风险远远大于农业产业本身。

第二，要熟悉农业行业。农业有一句行话，不怕外行领导内行，就怕外行折腾内行。什么意思？外行进入农业来发展，是可以的，因为有基本的经济规律可循，农业也需要资本和工商管理经验；但外行往往要按工商的路子做农业，结果违背自然规律，轻则鼻青脸肿，重则血本无归。农业不是工业，仅此一点，让多少投资竞折腰！农业问题要比一般产业复杂，仅靠经济学的单纯解释是不行的，还需要社会学、政治学等多种学科介入其中，方能充分解释，这是“三农”研究的经验，也是教训。因为，从经济规律角度讲，农产品处于产业链底端，后向性不足，前向市场控制力弱，是一个前后受制的产业；从政治角度讲，农产品是物价基础，必须稳定、必须相对低廉，只能政策控制与补贴相结合，本质上不是一个完全的市场化产业。农业至少要对抗工业公司没有的自然风险、疫病风险，还有比工业更变幻莫测的市场风险，更有政策风险、社会风险、决策风险、管理风险、技术风险等。在农业产业的问题上，把问题想得复杂些，则做起来就简单些；把问题想得很简单，则做起来就很复杂。

第三，要耐得住寂寞。农业比工业周期长，一般呈现投资大、见效慢、风险高的特征，好多投资等不及，忍不住，最终铩羽而归。像养肉牛，需要最少四年以上的周期；快一点的养猪，也需要一年多；果树更是需要五六年以上；大棚蔬菜两年可实现上市，但必须做好十年的周期性规划。而且，农业有十分明显的季节性，无法像工业品那样常年均衡生产供应，往往出现产品上市与市场行情不匹配的情形。因而，要充分认识农业与工业的不同，静下心来琢磨，放长线，钓大鱼，细水才能长流。任何急功近利对农业都是大敌。

第四，要与农民共赢。当一个农业产业的终端企业不是在与农民的共赢中向前发展时，农民就只能用脚投票，“杀牛倒奶”便是极端情形之一，最终让企业的发展成为无源之水！农业企业要赢利，但不是在农民身上压榨，而是在市场中寻找，在品牌中开拓，在管理中实现。“褚橙柳桃”的成功在于，为保证农民的丰厚利润，通过品牌发展获得收益，而不是从单纯的生产中获得收益。

第五，要与传统农业不同。资本下乡，一般的情况是要流转农民的土地，已经比一般农民种地的土地成本高出不少，如果依然像农民那样低效生产，赔钱的结局基本注定。所以，资本下乡，注定要明显提升产业的发展水平，真正达到现代农业理念描述的：用现代物质条件装备农业，用现代科学技术改造农业，用现代产业体系提升农业，用现代经营形式推进农业，用现代发展理念引领农业，用培养新型农民发展农业，提高农业水利化、机械化和信息化水平，提高土地产出率、资源利用率和农业劳动生产率，提高农业素质、效益和竞争力。如此，才能实现现代产业的良性发展，达到最终的朝阳产业形态。

再说褚橙：我们应该向褚橙学些什么

如果仅仅把褚橙作为一个神话一样的个案，作为高不可攀的阳春白雪，也是走向了另一个极端，褚橙所开创的农业品牌之路带来了诸多的现实启示，也有着可以借鉴的实践路径。

在前面的讨论中，我更倾向于认为，褚橙模式难以复制，正如褚橙的广告词，“人生总有起伏，愿精神可传橙”，更像是励志橙，基本上成为一种精神象征，即怎样在人生的起伏中不断实现自我，而其商业路径一般人是难以复制的，因为其基本上是唯一的。用流行的话说，吃褚橙不是吃橙子，吃的是精神。更重要的是褚橙背后的一些特殊综合因素：一是褚时健的“人气”，且不论褚橙的品质，只要有褚时健这个名头，便是一种市场号召力；二是褚时健的“人脉”，在自有资金只有 120 万的情况下能很快凑 1000 万来收购一个农场且十年内只有投入没有回报，而且是一个 70 多岁的老人在做，这样的事哪个资本敢给融资？但褚时健可以；褚橙最初的销售也基本上是被云南几大烟草公司包销，主要作为员工福利；三是褚时健的“人治”，姜还是老的辣，能把一个小烟厂带成亚洲最大的烟厂，也能把一个小小的农场做成极品，其敏锐的市场观察能力、独到的管理经验和丰富的人生阅历是最大的底气。

但后来我也在不断思索，如果仅仅把褚橙作为一个神话一样的个案，作为高不可攀的阳春白雪，也是走向了另一个极端，褚橙所开创的农业品牌之路带来了诸多的现实启示，也有着可以借鉴的实践路径。

启示之一，好的产品永远是根本，生产最核心。十年磨一剑，用这样的词形容褚橙似不为过。水果这东西，说白了，就是卖那一口水。民间讲，宁吃鲜桃一口，不要烂杏一筐。东西说得再好，放嘴里一尝，什么广告词也不顶用。褚橙能通过坚持不懈地土壤有机培肥，最终让生产出的果实甜酸比达到 18：1，这是别的橙子很难达到的口感标准。也正是因为如此，在褚橙如日中天之际，褚时健谈到果园发展的隐患时却说：“我 84 岁了，管不了几年了，以后只有交给我外孙女小两口打理。说实话，现在他们管管销售还行，但还没真正掌握种植技术。”是的，好味道来自于好技术，光果园培肥就是一门大学问，褚时健有独特配方。就是从当地的气候和土质出发，大量向土壤施入鸡粪、烟沫，还有榨甘蔗后废弃的糖泥等，不仅成本低，而且改良了土壤理化性质。再回过头来看现实的情景，多少人做农产品陷入了概念炒作的误区，走着过度营销的路子，能长久么？

启示之二：不要与农民争利，赢利要靠外向拓展力。做农业最大的无奈恐怕在于市场卖不上价，而成本却不断攀升，于是在外部赢利水平无法提升的情况下，只能在产业链内部“巧妙”切蛋糕——无非是让农民挣得少一些，企业多得一些，或者少赔一点。农民也不傻，于是用脚投票，要么不好好干，产品质量下降，走向恶性循环；要么干脆不玩了，毁约收回土地，于是演化成社会事件。有着烟厂时与烟农打交道的经历，褚时健最懂得好的烟叶是农民种出来的，好的橙子也是农民种出来的。所以，在褚橙农场，一个果农只要承担的任务完成，就能领到 4000 元工资；质量达标，再领 4000 元；年终奖金 2000 多元，一个农民一年能领到一万多元，比到外面打工挣钱还多。110 多户种植农户中，第一等级的农户最高年收入已经达到 6 万元，而技术员的年薪足以达到 10 多万元，不低于一个大城市的白领收入。农民满意了，橙子的质量也就有保障了。但能给农民这么多，则企业必须在市场上挣得更多，褚橙是靠市场的高价位来赢利的，比一般的橙子确实贵多了，显示了其市场营销的硬功底。

启示之三，品牌营销，农业必须恶补的必修课。有了好品质，关键看能不能卖上好价钱，而且卖得顺当。对于农产品而言，只有真正介入，才知道销售是如何重要。如今跨界已经成为一种时尚，搞农业的大佬也多了去，为何褚橙能掀起一场营销风暴，迅速让品牌形象深入人心？与本来生活网的合作，走电商的路径，优选经销商，是褚橙成功的重要因素。以好的故事聚人气，把褚橙定位为励志橙绝对是褚橙营销的制胜法宝，一个关于人生起伏的好故事让人印象深刻，赵蕊蕊、蒋方舟等80后励志人物的“80后致敬80后（86岁的褚时健老人）”系列视频进一步让“褚橙”迅速传播。好的渠道有神气，褚橙产量只有不到一万吨，走传统的批发零售，不仅环节多，利润低，而且终端不好控制；通过本来生活网上销售，聚划算团购，加上对传统渠道的代理权收回，直接对经销商进行管理，整个销售的主动权便牢牢控制在自己手里。

“众筹农业”还得看实效

农业众筹，把众筹与农业结合，很有想象空间，虽然概念很新，但在实践层面依然要面临已有的老问题，需要更多的实践探索。

2014年春天，一个叫做“农业众筹”的新事物热度迅速攀升，不少行内人士给予厚望，认为解决了农产品安全、信息不对称、中间环节过多等问题，而且增加了农民收益，大有前景。对新事物可宽容，但问题要客观地指出，以利发展。概念新还不行，还要看实践可操作性如何，否则可能只是一次新闻热点的转换。

农业众筹，把众筹与农业结合，很有想象空间，但其在生产组织环节与社区支持农业、参与式保障体系等模式依然没有本质区别，对于产品质量信任、物流配送成本高企、储藏保鲜困难等问题，并没有什么新的破解之道，筹钱模式不是问题，生产模式还是有问题。

首先，众口难调。稍微算一下，每个家庭每天消费的农产品就多达几十种，农业区域性强，众筹来的土地到底能供应多少种农产品？生产的农产品又是否能够适合消费者的品味？

其次，远水难济。有的农业众筹生产消费还是隔离的，有的还筹到了千里之外，千里尚且不运粮，何况鲜活农产品。怎么保质保鲜地运到消费者手里？技术上不是问题，顺丰可以办到，但成本受不了，而转库损耗是惊人的。

再次，管理困难。弄点地，种点放心想吃的东西，再送到城里的家庭，这种设想若干年前就有了，一直在被实践否定，于是社区化才不得不登场。在网上筹钱容易，但在现实中把订制的农产品送到出钱人的手里很不容易，背后的管理运营成本很高。

最后，即使众筹依然不能破解信任问题，因为田间地头的操作十分复杂，情况也千变万化，农业生产过程的监管也是世界性难题，远离生产的客户照样有农产品安全的担忧。

总之，农业众筹虽然概述很新，但在实践层面依然要面临已有的老问题，需要更多的实践探索。俗话说，出水才看两腿泥，等农业众筹运行一段时间再观察吧。

农产品微博公益营销的尝试与体会

两次微博营销积累了一些心得：一要把握微博规律，在信息真实的基础上，突出爱心，体现热心，保持耐心。二是注重保护爱心，呼唤爱心帮助，但不过度爱心消费。三是道义服务市场，要突出宣传推广，但最终应尊重市场规律。四是注重点面结合，把面上的广泛宣传与专业推广结合起来，加强涉农领域的定向推广，提高营销效率。

我用微博时间不算太长，开通时并没有想到微博可以用来营销。但后来看的微博营销案例多了，于是在 2013 年尝试了一下。当然，不是为自己，而是做些公益。第一次帮助扶贫村卖红枣，第二次帮助一个村卖滞销的大棚红提葡萄，没有想到效果还不错，现在做些回顾和总结。

微博卖红枣的尝试，是为帮助对口扶贫村的滞销红枣销售而想出的一个办法。团省委帮扶的吴堡县寇家塬镇薛家塬村以加工红枣干制枣为主导产业，全村有 30 多个加工户，主要为经销商做干制红枣的代加工，往年并无滞销。但这两年，新疆红枣因个头大、商品性好，市场人气迅速上升，价格能达到每斤 20—30 元，价格远远高出陕北枣，经销利润也更高，于是经销商纷纷转而经销新疆红枣，给加工陕北红枣的薛家塬带来很大冲击。2012 年的红枣库存到 2013 年 5 月依然没有消化，全村滞销约 400 吨，眼看天气变暖，不能保存，却无客商上门，村上十分焦急。为解决实际困难，团省委先后组织爱心企业买走 20 多吨，但积压数量依然较大，需要更多社会力量出手。

在此情况下，我们决定尝试一下微博营销，具体做法是：(1) 摸清底数。对滞销红枣总量进行统计后详细分级分类，标明销售价格。（2）明确思路。采取线上与线下结合：在线上指定当地一名大学生创业者"@信天游土特产"的淘宝店作为窗口，供应商品性好的一级红枣，以保本的形式供大家爱心购买；同时，通过微博连续宣传，扩大影响，推动网下的产销对接，争取大单订购。（3）突出公信。为避免误解，一开始就亮明活动的公益性，由团省委授权"@信天游土特产"淘宝店使用"共青团陕西省委扶贫村滞销红枣爱心销售"字样，由吴堡县团委与寇家塬镇出具爱心代销授权委托书，网上晒出，让大家充分信任。（4）注重推广。在5月21日首条红枣滞销爱心求助微博发出后，在此后的20天连续进行微博推广，通报销售进展，和关注的爱心人士充分互助，向关注的媒体介绍有关情况。20天内"@信天游土特产"和我个人在新浪、腾讯的相关微博评论累计转发评论达到2900多次，微博阅读量超过50万次，通过淘宝代理直接销售接近3吨，先后吸引近20家企业前往考察或电话洽谈购销事宜，达成销售协议30吨。红枣微博营销，在一定程度上缓解了滞销困局，也为以后用好微博这一平台积累了经验。

微博卖红提是又一次尝试。8月19日，合阳县百良镇镇长来西安为该镇太枣村的大棚红提找销路，由于他原来做过团干部，顺路到我这里想寻求一些帮助。据介绍，太枣村共栽植红提葡萄1300余亩，所产葡萄色艳品质高，口感好，耐运输、耐储藏，曾连续两年在省上的果品评比中获奖，销路本来也较通畅。但2013年8月中旬，采用设施栽培的300余亩红提葡萄已率先成熟，时间较露地栽培提早了近一个月，由于是大棚红提第一年上市，客商并不了解，一时出现销售困难，总量约有600吨。听此消息，我提出再用微博营销做些尝试。镇上随即发来大棚实拍照片和文字说明，留下了详细联系方式。8月20日我在新浪、腾讯微博同时发布合阳600吨大棚红提成熟待售消息，很快得到关注支持，形成大V友情转发、官方微博积极跟进、相关媒体跟踪报道、网友热心关注转发的良好态势，当天下午浏览量突破5万，两天后浏览量突破20万。该条微博在腾讯累计浏览15.9万、评论转发338次；在新浪浏览14.7万、评论转发416次。很快，有四家较大的农产品采购商前往收购，销售压力大大减轻，加上周边市场的小型批发零售，600吨大棚红提基本销售完毕。就此，微博显示巨大魅力，大棚红提葡萄营销基本告一段落。

由于葡萄是生鲜农产品，不便运输，也难以长时间保存，必须在短时间内销售出去。所以，春季红枣微博营销的线上模式不适用，重在宣传，找大客户。所以对应采取的办法是：一是标明联系方式，随时接受询问；二是主动求助大V和媒体，争取支持，广泛传播；三是保持频度，持续形成影响。从最终的效果看，这样的思路是正确的。

两次微博营销的良好效果让我增强了信心，也积累了一些心得，主要是：一是把握微博规律。在信息真实的基础上，突出爱心，体现热心，保持耐心，一定虚心，积极寻求帮助，争得关注和支持。二是注重保护爱心。呼唤爱心帮助，但不过度爱心消费，比如春季已经让一些爱心人士义购了红枣，即使红提葡萄可以快递，也要谨慎，不可再号召义购；同时，这样的爱心导购行为，也不可过于频繁，整天搞营销，会导致大家的厌烦情绪。三是道义服务市场。要突出宣传推广，但最终应尊重市场规律。农产品的特点决定，微博个体的购买行为实质上道德意义大于经济意义，并不能根本解决问题，关键是要通过微博的宣传，达到产销信息的对接，让市场行为主导销售，这才是最为可靠的路径，也是最终目的。从这一点讲，大家转发就是最大的支持。四是注重点面结合。就是把面上的广泛宣传与专业推广结合起来，加强涉农领域的定向推广，提高营销效率。应坚持虚心主动地向“三农”相关的尤其是农产品销售相关的博主推送信息，寻求支持，最终的产销对接机会也在这里。

微博营销是个新学问，自有规律，初步尝试，有些心得，谨以这些文字留给大家参考，也再次向关注和支持我微博的网友们表示衷心的感谢。

要么很新要么很深
——互联网时代的创业问题

这是一个超过以前任何时候的创业时代，空前开放的社会背景，日益浓郁的创业氛围，高度自由的网络世界，不断完善的市场环境，有那么多权威被蔑视，有那么多模式被推翻，有那么多巨星被淘汰，有那么多奇迹在诞生，完全可以让创业的梦想充分释放。

这两年接触电商多了，认识了一些在互联网领域创业的年轻人，尤其是一批运用电商渠道来创业的。总体感觉，热情很高，创意很好，但落地不易，十分艰难。

为什么会这样？我看问题的核心在于像初学写作者，往往立意太高，题目过大，然而眼高手低，落纸无力。互联网创业，虽然门槛较传统创业大幅下降，有好创意就能拿到大额投资的打鸡血型励志案例也很多，但创新其实并不容易，能让大家看得到市场前景的创新更少，虽然不能打击创业者的积极性，但至少不可以盲目自信。一些创业者，拿着几页纸或几张 PPT 就去找投资，或者拉关系，美其名曰为整合资源，结果往往是多认识了几个人，多了些自我标榜的光环，但创业项目却迟迟难以落地。这几乎是在重复着今天流行的一句话：你总是想得太多，而做得太少。所以，在创业之初，资源有限，人力有限，集中精力做一点小突破，比苦熬着做大产品更靠谱些，先上路再说，互联网的速度可是等不及的。

那么到底该怎么做？我看还是像写作文一样，从写好每天的日记开始，日记写好了，作文肯定不会差，所以，要从小处着眼比较好。就像周鸿祎说的，创业只有两三个人，十几条枪，所以只能干一件事，甚至只能做一个功能。那么这个小的着眼点怎么找？周鸿祎的建议是要么很新，要么很深。很新，我理解就是市场没有，让人眼前一亮，比如互联网还有很多行业等待颠覆，电商还有很多类目没有突破，谁率先做出来，谁就抓住了先机；很深，就是人有我优，领先一步，解决问题的方法更科学，产品的特性更突出，也就是当前流行的打造极致体验。卖坚果的很多，“三只松鼠”能排名第一，产品体验确实更胜一筹。

那么对于创新而言，初期不必求全责备。唐诗里有个现象，说号称四大压轴诗的并不是李白、杜甫的，而是存诗不多的王昌龄、王之焕等人，很值得回味。我感觉这就像是学习好的学生，整天得九十多的高分，人们评价也很高，但往往是偶然得一百分的更容易引发一鸣惊人的效果，前者是李白、杜甫，后者便是王昌龄、王之焕等人。对于互联网创业者的启示是，想把产品的各个方面都做得非常完美是不可能的，只要在一两点上有突破，有明显的卖点，能让人记住名字最重要，就可能在市场上赢得一席之地，而产品的完善与改进可以留在后面进行，特别是互联网时代，完全有不断改进的空间。第一代 iPod 就是粗糙的，但创新使其留下了后续的改进空间。

当然，今天的创业氛围也还是有值得检讨的地方。一个是保守思想还不同程度存在，害怕或者拒绝创新。即使那些曾经也很反对保守的人，到了最后可能也是保守主义者，“多年的媳妇熬成婆”式的悲剧在一代又一代人身上重复上演。一个是难以宽容失败。虽然歌里唱得很好，年轻没有失败，但真的失败了，压力还是很大，与之对应的却是“成王败寇”思想越发膨胀，对于成功者给予了太多的赞美，并逐渐神化，模糊了本来的面目，更加不可借鉴。社会观念的演化有一个过程，创业今天还没有到十分流行的程度，所以创业者应该对此有心理准备，要想好如何应对那些质疑的目光和失败的嘲讽。一方面要像周鸿祎说的，有一颗粗糙的心，不要怕人骂，可以对批评迟钝些，绝对不能有易碎的玻璃心；另一方面，要认真听取顾客的意见，把批评与建议分开，认真总结经验教训，不可重复踏入同一条河流。

互联网创业还有一个绕不过的坎，就是团队的问题。今天的创业，已经不大可能单打独斗了。阿里巴巴的上市，预示着新型合伙人制度正在强烈地改变着现代企业的职业经理人制度。现在的创业团队当然也是为了“钱”景，但更多的是为了理想和人生价值的实现，没有这个作凝聚力的内核，团队聚集不起来；团队聚集起来之后，不是钱就能解决以后的问题，而是靠新的企业股权制度，常说的事业留人正演化为股权留人，传统企业的董事长与职业经理人的区分模糊了，而是全员持股，核心成员股权均衡，团队的领头人，不是在股权上一家独大，而是在精神上独领风骚。阿里巴巴的马云是这样，小米的雷军也是这样，这就是互联网时代的特色。今天的创业带头人，如果还在想着“家天下”，我想是很难留住人才的。

同时，今天创业团队的组合模式也改变了，传统模式的企业构成每个人像是工业流水线上的一个螺丝钉，而今天更像细胞的全功能性，团队里的每个小组都能自成体系，相对独立运作，在互动竞争中形成聚合。微信产品的开发就是同时有多个团队在研发，然后内部PK，选出优胜者。海尔启动的“创客”计划，其实也是顺应互联网时代的组织再造，每个海尔“创客”在功能上都赋予了产品的设计、研发、生产、推广等功能。当然，这样的组织再造必须有强大的企业文化来支撑，要有强大的凝聚力作保障，理想的状态是内部吵翻天，对外一堵墙，团队领头人物的人格魅力与掌握能力必须强大。

那么，对于许多创业者不断问起的话题而言——这是最好的时代，还是最坏的时代？我想这是一个超过以前任何时候的创业时代，空前开放的社会背景，日益浓郁的创业氛围，高度自由的网络世界，不断完善的市场环境，有那么多权威被蔑视，有那么多模式被推翻，有那么多巨星被淘汰，有那么多奇迹在诞生，完全可以让创业的梦想充分释放，如果真的有创业的冲动，就不可以辜负这个时代，找上几个同伴一路同行，趁年轻去拼一把。

后　记

这是一本姗姗来迟的作品，早在 2014 年我的《农村电商——互联网 + 三农案例与模式》一书连轮廓还没有形成的时候，这本书的初稿已经梳理完毕。然而，待到能正式出版的时候，却已经是两年多以后的事情了。不过也好，有了更多的时间，对书中的文字进行反复“揉搓”，并添加了新的内容。

形成这些关于农业的文字，乃是基于十三年的农业工作经历，又有八年的农村青年工作经历，在这期间还曾驻村扶过贫，做过农业副县长，参与过全省一村一品发展工作。可以说，农村出身，农业院校毕业，一直在做“三农”工作，让我对农业的感觉会更深刻一些，更全面一些。更重要的是，这些年“三农”类的图书我一直手不释卷，一本接着一本来读，然后又在全省农村青年致富带头人培训等场合与大家分享，还在日常与大量投资农业的企业家、返乡创业的年轻人和各个方面涌向农村的新农人不断交流，一直在启发着我，促使着我整理一些文字，让更多的人有一个参考，不要再重复被反复踏过的做农业的那些坑。

既然如此，则本书的各个篇章大体有三个方面的来源：一类是农业类讲习稿，另一类是“三农”阅读札记，还有一类是访谈时评，均做了文字的修改和标题的变动，以便风格相对一致。总体上贯穿一个思想，把做农业的常识讲给大家听，最核心的是切不可套用工业模式或想当然，常识出了问题是要命的。而现实中，农业的常识却常常在出问题，这不得不说是当前外行进来做农业最让人痛心的地方。若大家能耐着性子读上几章，有一些感性的认识，本书的目的也就达到了。

本书的最后一部分是“互联网 + 农业”的内容，与另外一本拙作《农村电商——互联网 + 三农案例与模式》有部分重合，经与出版社协调，《农村电商——互联网 + 三农案例与模式》第二版整体删除“互联网 + 农业”内容，全部归入本书。

最后，要衷心地感谢出版编辑团队对我的信任，感谢与我一路同行的新农人伙伴们，感谢单位的领导和同事，感谢我的家人；特别要感谢农业部原副部长刘成果先生为本书欣然提笔，贺雪峰、顾益康先生慷慨作序，朱启臻、毕慧芳、勤劳农哥、胡海卿等业界大咖纷纷寄语鼓励，我将不忘初心，继续努力，为“三农”与电商尽绵薄之力。

最后，愿本书能为做农业的朋友们起到一些帮助作用，这是我最大的心愿。

魏延安

2017 年 3 月写于古城西安